전기와 생활과학

백승철 · 이 욱 지음

敎友社

머 리 말

우리는 전기 속에서 살아가고 있다고 해도 과언이 아니다. 전기 없이도 생명을 이어가기는 하겠지만 생활을 영위한다고 말할 수는 없을 것이다. 그만큼 필요하고 밀접한 관계에 있으면서도 잘 알지 못하고 있는 것이 생활 속의 전기인 것이다.

필자가 생활과 전기라는 과목을 강의하면서 마땅한 교재가 없어 고민하던 중 몇 년 동안의 강의자료를 모아 우선 책으로 엮게 되었다.

이 책은 대학에서 전기에 관련된 기초정보를 학생들에게 제공하기 위한 교재로 만들고자 하였다. 그래서 전기공학 분야의 뿌리를 중심으로 기술하였고, 따라서 전기공학의 입문 여부의 결정에도 도움이 되리라 생각한다. 또한 한 주에 2시간씩 한 학기에 강의할 수 있을 정도의 분량으로 맞추었다.

제 1 장에서는 전기의 본질이 무엇인지 간단히 언급하였고, 제 2 장에서는 전기의 기초인 전기회로에 대해서 간략하게 서술하였다. 제 3 장에서는 정현파교류에 대해서 기술하였으며, 제 4 장에서는 전기자기학에 대하여 간략하게 서술하였고, 제 5 장에서는 전기가 어떻게 만들어지는지에 대하여 기술하였으며, 제 6 장에서는 전기를 어느 분야에서 이용하고 있는가를 큰 영역으로 나누어서 다루었고, 제 7 장에서는 가정에서 전기의 쓰임새를 개략적으로 이야기하였다.

이 책을 쓰면서 주변에 있는 거의 모든 서적을 참고로 하였으나 필자의 능력 부족으로 미흡한 부분이 많이 눈에 보여서 안타깝다. 미흡한 부분은 앞으로 계속 보완해 나가도록 하겠다.

아무쪼록 이 책이 대학 신입생들에게 그리고 전기공학에 관심이 있는 독자들에게 작은 도움이나마 된다면 그 이상 큰 보람과 기쁨이 없겠다.

끝으로 몇 장의 원고가 책이 되어 세상에 빛을 볼 수 있도록 해주신 교우사 사장님과 임직원 여러분들께 깊은 감사를 드린다.

저자

차 례

제 1 장 전기의 본성 ………… 1

1.1 전기현상의 발견 ………… 1
1.2 전자의 발견 ………… 2
1.3 마찰전기 ………… 4
1.4 정전기 ………… 6
1.5 전기의 흐름 ………… 9
1.6 최초의 전기저장 ………… 12
1.7 전류의 작용 ………… 14

제 2 장 기초 전기 회로 ………… 17

2.1 회로의 기초개념 ………… 17
2.2 전 하 ………… 18
2.3 전류와 전압 ………… 18
2.4 전 력 ………… 20
2.5 저 항 ………… 21
2.6 옴의 법칙 ………… 22
2.7 주울의 법칙 ………… 22
2.8 키르히호프의 법칙 ………… 23
2.9 저항의 접촉 ………… 26
2.10 회로 소자 ………… 30

제 3 장 정현파교류 ······ 39

3.1 전류의 종류 ······ 39
3.2 정현파교류의 발생 ······ 41
3.3 주기와 주파수 ······ 42
3.4 위상과 위상차 ······ 44
3.5 평균값과 실효값 ······ 45
3.6 파고율과 파형률 ······ 48

제 4 장 기초 전자기학 ······ 51

4.1 쿨롱의 법칙 ······ 51
4.2 전 계 ······ 53
4.3 전 위 ······ 54
4.4 자 석 ······ 56
4.5 전류의 자기현상 ······ 61
4.6 자계 중의 전류에 작용하는 힘 ······ 63
4.7 전자력과 일 ······ 66
4.8 전자력에 관련되는 효과 ······ 68
4.9 전자유도 법칙 ······ 70
4.10 도체의 운동과 기전력 ······ 73
4.11 전기-기계 에너지 변환 ······ 75

제 5 장 전기의 발생 ······ 77

5.1 화학작용에 의한 전기 ······ 77
5.2 전자유도에 의한 전기 ······ 80
5.3 수력발전 ······ 80
5.4 화력발전 ······ 85

5.5 원자력발전 91
5.6 기타 발전 99

제 6 장 전기의 응용 109

6.1 조 명 109
6.2 전기철도 121
6.3 전동력응용 135
6.4 전 열 142

제 7 장 가정의 전기 171

7.1 옥내배선 172
7.2 안 전 184
7.3 주택의 조명 189

참고문헌 197
찾아보기 199

제 1 장

전기의 본성

1.1 전기현상의 발견

"전기가 무엇일까?"라는 질문을 스스로에게 던져보면 세상의 삼라만상이 전기로 이루어져 있고 현재 모든 우리들의 일상생활이 알게 모르게 전기 속에서 이루어지고 있음에도 불구하고 쉽게 대답이 떠오르는 사람은 거의 없을 것이다. 한마디로 요약해서 대답할 말이 떠오르지 않는다고 할 수 있다. 전기는 사용하는 용도에 따라서 빛도 되며, 열도 되고, 힘도 되는 등 — 여러 가지 형태로 나타나기 때문에 도무지 설명하기가 쉽지 않은 것이다.

사실 전기현상은 지구상에 인류가 존재하면서부터 접해왔겠지만 역사적으로 처음 전기현상이 기록된 것은 기원전 600년경으로 거슬러 올라간다. 고대 그리스시대 철학자 탈레스는 우연히 호박(amber)이라는 보석을 털가죽으로 문질러서 깨끗이 닦으면 닦을수록 먼지 등 가벼운 물체가 끌려와서 호박에 달라붙는 현상을 관찰하였다고 한다. 그 당시에는 이것이 전기적인 현상이라고 어느 누구도 상상조차

하지 못했다. 탈레스도 호박 속에 영혼이 깃들어 있기 때문에 가벼운 물체를 끌어당기는 것이라고 생각하였고, 그리스어로 호박(琥珀)을 의미하는 elektron이 지금의 전기(electricity)를 일컫는 어원이 되었다.

지금부터 400여 년 전에 와서야 자연계에 전기라는 것이 있고 그것이 여러 가지 작용을 한다는 것을 발견하였다. 그후 전기의 본성은 알지 못한 채 전기 때문에 생기는 현상에 대한 연구가 진행되었다. 그것들 중 대표적인 예를 하나 들면, 1879년에 에디슨이 조명역사에 길이 남을 백열전구를 발명하였지만 어떤 것이 전선을 통해 흘러서 빛을 내는지 전기의 정체를 모르기는 마찬가지였다.

그후 20년 가까이 지난 1897년에 와서야 영국의 물리학자인 톰슨이 전기의 본성을 처음으로 밝혀내어 전기는 지극히 작은 알갱이(粒子)로 이루어졌고 그 알갱이가 빛과 열을 만든다는 것을 알게 되었다.

1.2 전자(電子)의 발견

톰슨은 [그림 1-1]과 같이 공기를 뺀 유리관의 양쪽 끝에 전극을 설치하고 높은 전압을 걸어서 관찰한 결과 유리관 내의 음극 쪽에서 양극 쪽으로 빛과 같은 것이 흐르는 것을 발견하였다.

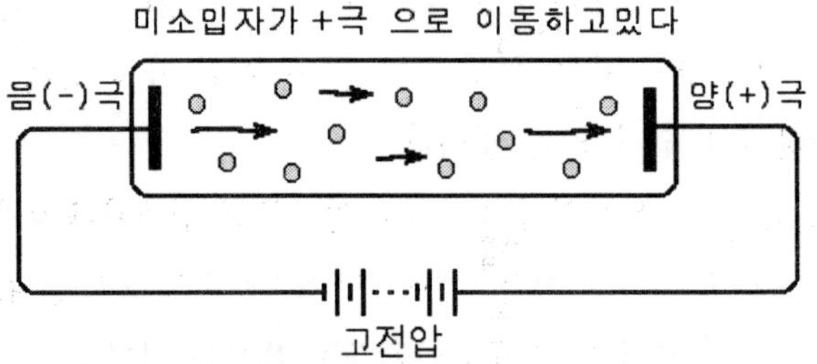

[그림 1 - 1] 전공방전

그후 실험을 계속하여 빛과 같은 것이 아주 작은 알갱이(입자)의 흐름인 것을 알아내었다. 그 당시에는 음극이나 양극이라는 명칭의 개념이 분명하지 않았고 다만 마이너스 쪽에서 플러스 쪽으로 입자(전자)가 흐른다는 것을 발견한 자체가 중요하였다.

톰슨은 자기가 발견한 입자의 이름을 전자(electron)라고 명명하였다.

톰슨의 실험에서와 같이 공기를 뺀 진공상태에서 전기를 흘리는 것을 진공방전이라고 하며, 그 유리관을 진공방전관이라 하고, 유리관 내에서 흐르는 빛과 같은 것을 음극선이라 한다.

지구상에 존재하는 모든 물질들을 구성하고 있는 분자 속을 들여다보면 원자들로 이루어져 있음을 알 수 있다. 원자의 구조는 한 가운데에 원자핵이 있고 그 주위를 전자가 공전하고 있다. 좀더 자세히 살펴보면 중심에 있는 원자핵은 플러스 전기를 가진 양성자(양자)와 전기를 가지지 않은 중성자, 그리고 이 둘을 결합해주고 있는 중간자로 되어있고, 마이너스 전기를 가진 전자는 자전(spin)하면서 구름(電子雲)의 형태로 원자핵 주위를 공전하고 있다.

[그림 1-2]에 원자번호 3번인 리듐원자의 구조를 예로 들어 이동하는 전자를 설명한다.

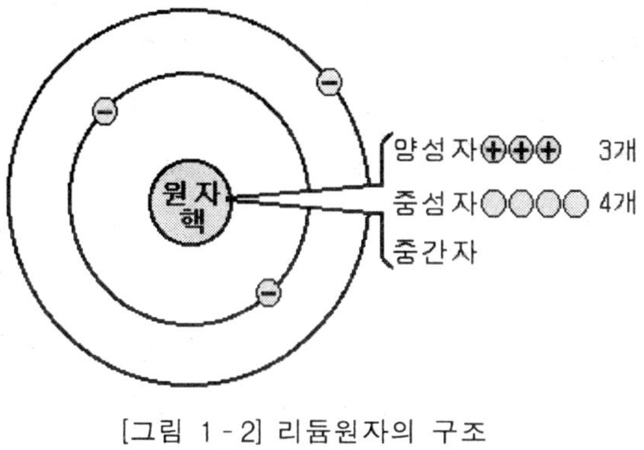

[그림 1-2] 리듐원자의 구조

정상적인 보통의 경우 모든 원자는 원자핵 속에 있는 양성자 한 개가 가지고 있는 전기의 양과 전자 한 개가 가지고 있는 전기의 양이 (각각 플러스와 마이너스로 성질은 다르지만) 같기 때문에 양성자와 전자의 수가 같아서 전기적으로는 중성을 유지한다. 그러나 모든 원자가 그 핵과 전자의 결합이 견고한 것은 아니며, 원자의 종류에 따라 각각 그 결합력이 다르기 때문에 결합력이 약한 원자로 구성된 물질은 제일 바깥쪽 궤도에 위치한 전자가 외부에서 공급되는 어떤 에너지(전기, 열, 빛 등)를 받아서 자신의 에너지가 높아지면 그 궤도를 이탈하여 자유롭게 돌아다니게 된다. 이러한 전자를 자유전자라고 하는데 이 자유전자들이 일정한 방향(플러스극 쪽)으로 이동하는 것이 전자의 흐름으로, 바로 전기가 흐르는 현상인 것이다. 자유전자를 많이 가지고 있는 물질들은 일반적으로 금속인 경우가 많다. 그렇기 때문에 금속이 전기를 잘 흘리는 것이다. 이때 전자를 잃어버린 원자는 전기적으로 플러스 성질을 띠게되며 이것을 플러스 이온(양이온)이라고 한다.

1.3 마찰전기

톰슨이 전자의 존재를 발견하게 된 것은 원자에 구속되어 있던 전자에 전기에너지를 공급하여 자유전자로 만들 수 있었기 때문에 가능했다. 실제로 우리 주위에 있는 물건을 가지고 간단하게 자유전자의 존재를 확인해 볼 수 있다.

우리는 이미 플라스틱 책받침을 옷감으로 문지르면 옷감과 책받침이 서로 달라붙으려고 하며 책받침에 종이나 머리카락 같은 것이 달라붙는 것을 알고 있다. 이러한 현상은 옷감과 플라스틱 책받침의 마찰에 의해 옷감을 구성하고 있는 원자의 전자가 마찰열이라는 에너지를 받아서 궤도에서 이탈하여 플라스틱 쪽으로 이동하게될 것이다. 그 결과 마이너스 성질을 가진 전자가 이동해있는 책받침은 전체적으로 마이너스 전기를 띠게되고(「마이너스로 대전되었다」 혹은 「음으로 대전되었다」라고 한다) 전자를 잃어버린 옷감은 플러스 전기를 띠게된다(「플러스로 대전되었다」 혹은 「양으로 대전되었다」라고 한다). 이렇게 전기적인 성질이 서로 다르기 때문에 두 물체는 서로 잡아당기는 인력이 작용하게 되는 것이고, 전기적인 성질이 같은 물체는 서로 밀어버리는 척력(반발력)이 작용하는 것이다. 이러한 현상은 동식물을 막론하고 지극히 당연한 자연적인 현상으로 전기는 그 자체가 우주의 철학을 담고있다고 할 수 있겠다.

주위에 있는 여러 가지 물건들을 마찰해 보면 종류에 따라 대전되는 전기의 종류가 각기 다를 뿐 아니라 전기의 양도 각각 다름을 알 수 있다.

<표 1-1> 마찰전기 대전계열

+ (正, 양) ←												→ - (負, 음)			
모피	운모	나일론	유리	납	견사	알루미늄	종이	무명	나무	호박	밀납	셀룰로이드	비닐	실리콘	테프론

<표 1-1>은 물질들을 마찰했을 때 대전되는 전기의 종류와 양을 나열한 것으로 이를 마찰전기대전계열이라고 한다.

그러면 일상 생활 중에도 알게 모르게 마찰전기의 현상이 일어나고 있는데 그때 발생된 전기들은 어떻게 될까? 우리는 건조한 겨울철에 스웨터 등을 벗을 때 파란 빛과 함께 '찌지직' 소리가 나며 스웨터가 다른 옷에 달라붙는 현상을 겪게된다. 이때 심하면 피부가 따끔하면서 전기를 느낄 때도 있다. 이런 것들은 모두 마찰에 의해서 대전되어 있던 전기입자들이 다른 곳으로 이동하면서 나타나는 현상으로 순간적으로 흐르는 전기의 통로에 우리 피부가 노출되었기 때문이다. 이렇게 원자핵에 구속되어 있던 전자가 핵으로부터 튀어나와 전기적으로 중성이어야 할 평형이 깨어지면 다시 전기적으로 중성이 되어 안정상태를 되찾으려고 하는 자연적인 현상 때문에 전자가 이동해서 원래의 상태를 유지하게 된다(이때 마찰에 의해 전자가 얻었던 에너지를 잃게 된다).

물체를 마찰할 때 플러스(정)와 마이너스(부) 두 종류의 전기가 나타나는 현상은 1733년 프랑스의 물리학자 뒤페(Du Fay : 1698～1739)가 유리에 생기는 전기(유리전기 : +)와 수지(樹脂)에 생기는 전기(수지전기 : -)가 있다는 것을 발견하면서 세상에 알려졌다. 그러나 유리전기가 플러스 성질을 가졌고, 수지전기가 마이너스 성질을 가졌다는 것은 번개가 치는 날 연을 날린 것으로 유명한 - 벼락을 연구하여 피뢰침을 발명한 미국의 벤자민 프랭클린(Franklin, Benjamin : 1706～1790)이 1747년에 물체에는 한 종류의 전기유체라는 것이 있어서 그것이 정상보다 많으면 플러스전기를 띠고, 부족하면 마이너스전기를 띠게 된다고 생각하여 그 생각을 발표하면서 이때 뒤페의 유리전기를 '플러스전기', 수지전기를 '마이너스전기'라고 하였다.

1.4 정전기(靜電氣)

전기는 눈에 보이지 않기 때문에 전기의 발생 여부를 알기 어렵다. 그래서 우리는 전기에 의한 전격(電擊 : 전기에 의한 충격)을 받고 깜짝 놀라고서야 전기발생 사실을 알게된다. 예를 들어 자동차 문을 열 때 짜릿하는 충격을 받고 깜짝 놀랄 때가 있다. 이러한 현상은 '정전기'에 의한 것으로 궁극적으로는 마찰전기에 의한 것이다. 이때의 전압은 상황에 따라 다르지만 일반적으로 불꽃이 일어나는 경우는 5천 볼트 이상이며 1만 볼트가 넘는 경우도 있다. 이런 전격도 쉽게 감전이라고 표현할 수 있는데 높은 전압에도 불구하고 죽지 않는 것은 전격을 받을 때 전류가 극히 약하기 때문이다. 이때 흐르는 전류는 마찰에 의해서 물체에 대전되어 있던(이동하지 않고 모여있던) 전자가 이동하는 것으로 전자의 양이 많지는 않다. 이렇게 이동하지 않고 모여있는 전기를 정전기(靜電氣)라고 한다. 그러나 정전기도 통로만 생기면 이동하게 된다.

[그림 1-3]은 정전기와 정전기의 이동, 그리고 대전된 전기종류에 따른 힘의 작용 및 물질에 따라서 정전기의 이동속도를 실험할 수 있는 간단한 장치이다.

[그림 1-3]과 같이 명주실에 각각 작은 스티로폼 공과 알루미늄 조각을 매달고, 유리막대를 명주헝겊으로 문질러 유리막대에 정전기를 발생시킨다(이때 유리막대에는 플러스전기가 대전된다).

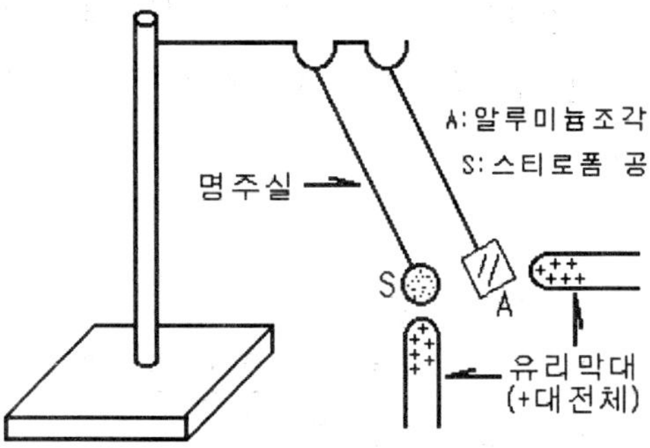

[그림 1-3] 정전기

이 유리막대를 이들에 가까이 접근시키면 둘 다 유리막대에 끌려와 접촉한다. 접촉 후에는 알루미늄 조각은 즉시, 스티로폼 공은 잠시 후에 유리막대와 반발해서 멀어진다. 여기서 알루미늄 조각이 스티로폼 공보다는 빠르게 반응한다는 것을 알 수 있다. 그 이유는 알루미늄은 스티로폼보다 전기를 잘 흘리는 도체이기 때문이다.

이제 스티로폼 공과 알루미늄 조각이 처음에는 유리막대에 끌려왔다가 그후에는 멀어지는 이유를 살펴보자. 처음 플러스전기로 대전되어 있는 유리막대를 가까이 접근시키면 알루미늄 조각 내에 있는 전자(자유전자)가 [그림 1-4](A)와 같이 유리막대에 대전되어 있는 플러스전기에 끌려 유리막대 쪽으로 모이게 된다. 그 결과 유리막대 쪽의 표면에는 마이너스전기가 집결하고, 먼 쪽에는 플러스전기가 모이게 된다. 이러한 현상을 정전유도작용이라고 한다. 이렇게 정전유도가 일어나면 플러스전기와 마이너스전기가 서로 잡아당기는 흡인력이 작용하게되고 유리막대와 알루미늄 조각은 접촉하게 된다. 접촉 후에는 유리막대에 대전되어 있던 플러스전기가 알루미늄 조각 쪽으로 이동하게 되고, 그 결과 알루미늄 조각도 플러스로 대전하게 된다. 그래서 접촉 후에는 유리막대와 알루미늄 조각이 모두 플러스전기로 대전되기 때문에 이번에는 서로 밀어버리는 척력(반발력)이 작용하게 되어 서로 멀어지는 것이다.

[그림 1-4](B)는 자유전자가 없는 스티로폼 같은 절연체의 원자는 원자의 틀을 깨지 않으면서 양성자가 있는 원자핵은 플러스로 대전되어 있는 유리막대의 먼 쪽으로 치우치고(플러스끼리는 척력이 작용하기 때문이다), 전자들은 유리막대의 가

까운 쪽으로 치우쳐서 정전유도작용이 일어나고 있는 것을 보여주고 있다. 이렇게 전기가 흐르지 않는 절연체는 금속에 비해 정전유도작용이 약하기 때문에 반응이 느리게 나타나는 것이다.

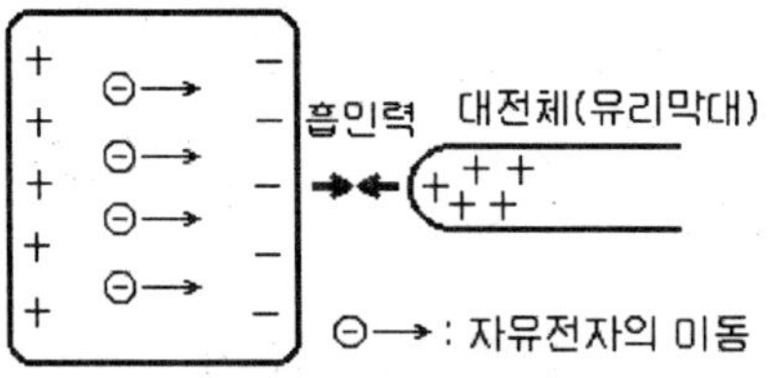

(A) 도체의 정전유도

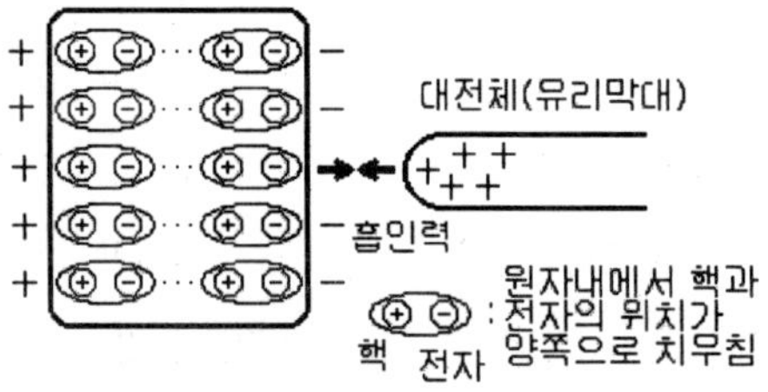

(B) 절연체의 정전유도

[그림 1 - 4] 도체와 절연체의 정전유도

[그림 1-5]에는 정전유도에 의해 유리막대와 접촉한 후의 정전기 이동을 알루미늄조각(금속)의 경우를 예로 들어 나타내었다.

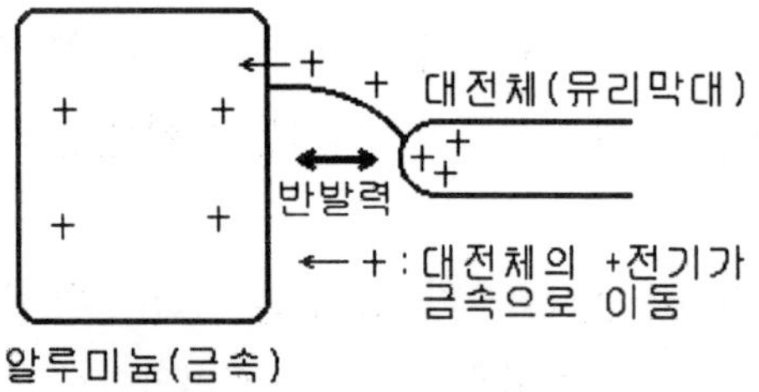

[그림 1 - 5] 정전기의 이동

알루미늄조각은 원래 전기적으로 중성이었으므로 플러스로 대전된 유리막대와 접촉하면 정전기가 흐를 수 있는 통로가 마련된 것이므로 플러스 전기가 알루미늄 조각으로 흘러 들어가 플러스로 대전된다. 만약 유리 막대가 마이너스로 대전되어 있었고, 알루미늄조각이 원래 전기적으로 중성이었다면 이번에는 마이너스전기가 흘러가 알루미늄조각은 마이너스로 대전되고, 마찬가지로 같은 종류의 전기끼리이므로 역시 반발력이 작용한다.

1.5 전기의 흐름

본래 정전기란, 머물러있는 전기, 정지해 있는 전기라는 뜻이다. 그러나 정전기도 흐를 수 있는 통로만 생기면 이동할 수 있다. 일반적으로 이야기하는 전기의 흐름은 전자들의 이동현상으로 전류라고 한다. 여기서 말하는 전자는 원자핵 주위를 공전하고있는 전자를 일컫는다. 그렇다면 모든 물질들은 근본적으로 원자들로 이루어져 있고 그 원자에는 전자들이 모두 존재하는데 도체라고 부르는 구리, 은, 철, 알루미늄 같은 금속물질은 전기가 잘 통하고, 부도체 혹은 절연체라고 부르는 고무, 유리, 도자기, 스티로폼 같은 물질은 그렇지 않은 이유가 무엇일까? 또 순수한 물은 전기가 통하지 않지만 순수하지 않은 물은 전기가 통하는 이유는 무엇일까? 그 이유는 앞에서도 언급했듯이 도체인 금속에는 원자핵에 구속되어있지 않고 자유롭게 돌아다닐 수 있는 자유전자가 많이 존재하고, 부도체인 경우는 그렇지 못하기 때문이다.

보통 상태의 금속에서는 자유전자가 무질서하게 여러 방향으로 돌아다니기 때문에 자유전자의 이동방향을 전체적으로 보면 서로 상쇄되어 결국은 전자의 흐름이 겉으로 나타나지는 않는다. 그러나 전압이 걸리면 전자는 [그림 1-6]에서와 같이 마이너스전기를 띠고 있기 때문에 플러스극 쪽으로 끌리는 힘을 받아 플러스극 쪽으로 일제히 이동하여 전류가 흐르게 되는 것이다.

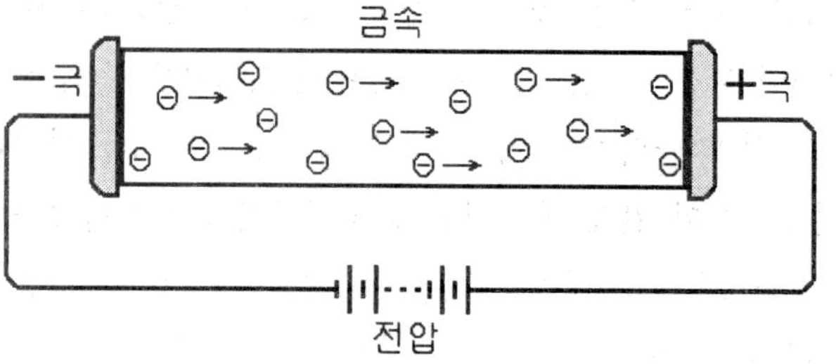

[그림 1 - 6] 자유전자의 이동

순수한 물의 경우는 물을 구성하고있는 수소나 산소원자에서 전자가 원자핵의 구속에서 벗어나기가 어렵기 때문에 자유전자가 존재하기 어려운 것이고, 불순물이 있는 물의 경우는, 예를 들어 소금(NaCl)을 물에 녹이면 소금분자는 Na^+의 플러스 이온과 Cl^-의 마이너스 이온으로 분해되어 나트륨 원자는 플러스, 염소원자는 마이너스의 전기적인 성질을 띠게된다. 이와 같은 액체를 전해액이라고 하며 전해액에 전압을 걸면 그 이온들이 각각 마이너스극과 플러스극 쪽으로 이동하게되어 전류가 흐르게 되는 것이다. 그러니까 소금물의 경우는 전자가 이동하여 전류가 흐르는 것이 아니고 양이온과 음이온이 이동하여 전류가 흐르는 것이다. 어쨌든 전기적인 성질을 띤 것이 이동하면 그것 또한 전류인 것이다. 우리는 마이너스 전기를 띤 알갱이를 음전하(陰電荷), 플러스 전기를 띤 알갱이를 양전하(陽電荷)라고 한다. 그러니까 전자는 음전하의 대표적인 것이라고 할 수 있다.

일반적으로 전류라고 하면 전자가 플러스극 쪽으로 이동하는 것을 일컫는다. 그러나 우리 모두는 전류는 플러스 쪽에서 마이너스 쪽으로 흐르는 것이라고 알고 있다. 그 이유는 전기흐름의 현상이 밝혀지기 전에 전류의 흐름이 마치 물이 높은 곳에서 낮은 곳으로 흐르는 것처럼 전류도 전위(電位 : 전기의 위치)가 높은 곳에서 전위가 낮은 곳으로 흐를 것이라고 생각하여 전류는 플러스 쪽에서 마이너스 쪽으로 흐른다고 생각해 전류방향에 관계되는 모든 것을 그렇게 해석하고 풀이해 왔기 때문이다. 전류흐름의 현상이 정확히 밝혀진 후 전류 방향을 제대로 잡으려 했지만 그때까지의 모든 이론을 다 바꾸기가 불가능하였고, 전류방향을 바꾸지 않아도 전기에 관한 제반현상을 해석하고 풀이하는데 실질적으로 영향이 거의 없기 때문에 그대로 두었다. 다만 전류방향을 이론적으로는 플러스 쪽에서 마이너스 쪽으로 하되 실제로는 전자의 흐름이기 때문에 마이너스 쪽에서 플러스 쪽으로 흐른다는 사실만은 제대로 알고 있기로 약속하였던 것이다.

우리는 전기의 속도가 빛의 속도와 같다고 알고 있다. 그런데 재미있게도 전자는 1초에 수[mm] 이하의 속도로 매우 느리게 이동한다. 결론부터 이야기하자면 전자의 이동속도는 느리지만 흐름을 전달해주는 전달속도는 빛의 속도라는 것이다.

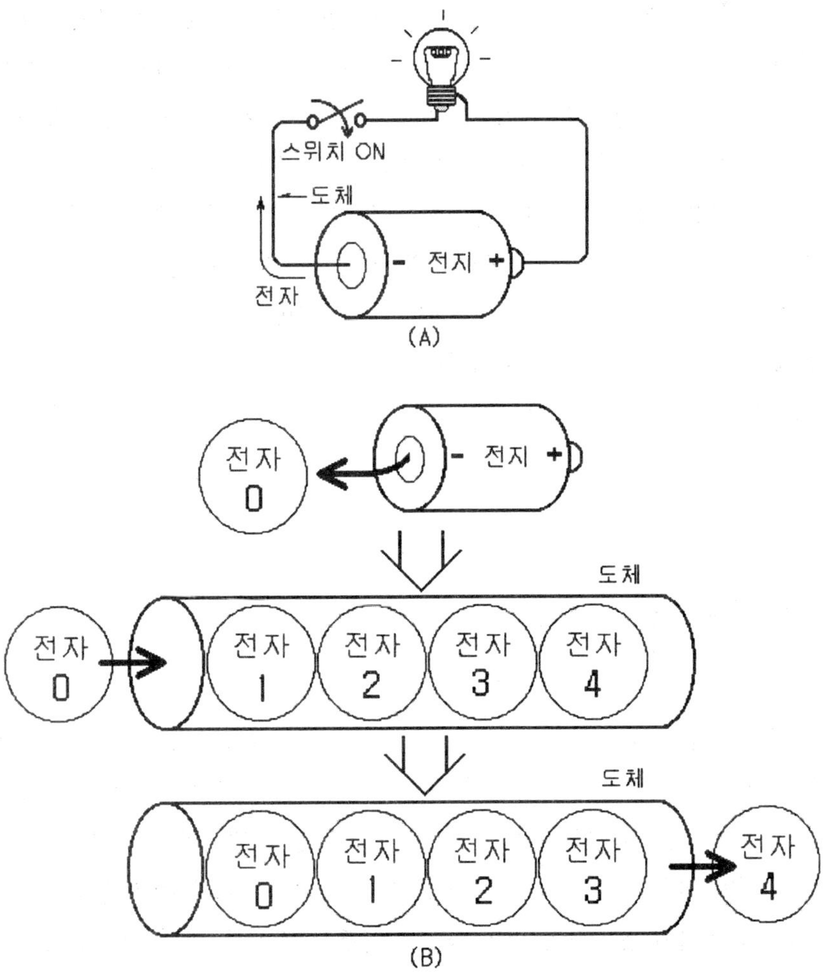

[그림 1-7] 전류의 흐름

이를 설명하기 위해서 [그림 1-7](A)와 같이 전지에 꼬마전구를 접속하여 불을 밝히는 회로를 가정하면, 전지와 꼬마전구를 잇는 전선(구리도체)에는 자유전자가 많이 존재할 것이다. 이해를 돕기 위해서 전선 내부에 자유전자나 구리원자가 일렬로 정렬해 있다고 가정한다. 회로에서 스위치를 닫으면(ON하면) [그림 1-7](B)와 같이 전지의 음극에서 한 개의 전자가 나와 전선으로 들어간다고 가정한다. 그 전까지는 전선 내에 있는 전자와 양자의 수가 같아서 전기적으로 안정된 상태였으나 외부에서 들어온 전자가 전선입구의 가장 가까운 구리원자에 부딪히면서 가지고 있던 에너지를 원자에게 전달한다. 전자로부터 에너지를 받은 원자에서는 전자 한 개가 튀어나가서 자유전자가 되고, 그 빈자리에 전지로부터 들어온 전자가 들어간다. 이때 원자에서 튀어나온 자유전자는 바로 옆에 있는 원자에 부딪히고 그 원자에서는 다시 자유전자가 튀어나간다. 마치 구슬을 일렬로 붙어놓고 한쪽 끝에 충격을 가하면 반대쪽 구슬이 순간적으로 튀어나가는 것과 똑같다.

이런 식으로 차례차례 전자가 튀어나가서 마지막에는 전지의 양극으로 전자가 들어감으로써 전류는 회로를 한바퀴 돌게되는 것이다.

전류는 전지의 양극과 음극에서 양전하와 음전하가 균형을 이룰 때까지 흐른다.

1.6 최초의 전기저장

두 물질을 마찰해서 만들었던 정전기(마찰전기)는 그대로 두면 차츰 전기적인 성질을 잃게된다. 그래서 전기를 어떻게든 저장해두고자 하는 노력이 18세기 중엽에 네덜란드 라이덴 대학의 무센브뢰크에 의해 성공을 거두게 되었다. 그때 전기를 모았던 병을 라이덴(Leyden)병 이라고 하는데 [그림 1-8]과 같은 구조로 되어있었다. 간단히 말하면 유리병의 밑과 옆면에 얇은 주석판을 입힌 것으로 절연체인 마개의 중앙을 통하여 유리병의 안으로 금속막대를 넣고 그 끝에 금속으로 된 사슬을 연결시켜 유리병 밑바닥의 주석판에 접촉시켰다. 그리고 절연이 잘되게 하기 위하여 유리에는 셀락(shellac)을 칠해 두었다.

여기에 전기를 저장했던 방법을 설명하면 유리막대를 무명 천으로 문질러서 유리막대에 플러스전기가, 무명 천에는 마이너스전기가 대전되게 한다. 이 유리막대를 라이덴병 위에 나와있는 금속막대에 갖다대면 유리막대의 플러스전기가 금속막대와 금속사슬을 통해 라이덴병 안쪽에 있는 주석 판에 전달된다. 그러면 라이덴병 안쪽의 주석 판은 플러스로 대전되고 바깥쪽의 주석 판은 정전유도 작용에 의해 마이너스로 대전된다.

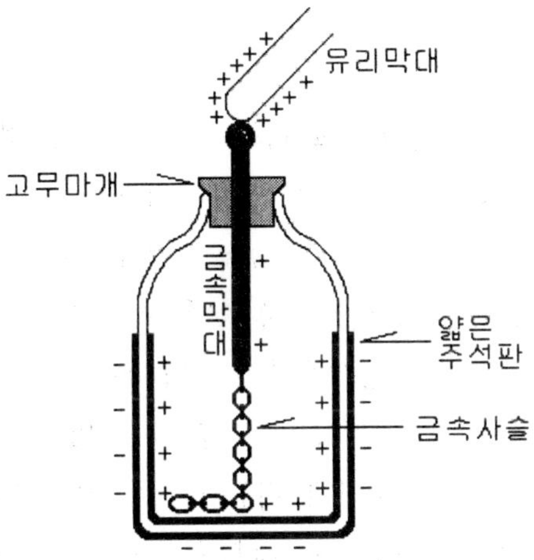

[그림 1 - 8] 라이덴병

이렇게 함으로써 라이덴병에는 안쪽에 플러스전기, 바깥쪽에 마이너스전기가 서로 잡아당기는 힘이 작용하기 때문에 전기가 도망가지 못하고 그대로 저장되는 것이다. 유리막대를 무명 천으로 마찰하여 금속막대의 상부에 접촉시키는 일을 계속 반복하면 수만 볼트의 전기를 저장할 수도 있다. 무센브뢰크는 병 바깥쪽의 주석 판과 병 상부의 금속막대 부분을 철사로 접촉시켜 저장된 전기가 방전되는 현상을 보고 전기가 저장된 사실을 확인하였다.

1.7 전류의 작용

우리는 일상생활에서 전기를 이용하여 빛, 열, 힘 등을 얻기도 하고, 전기분해, 도금 등을 하기도 한다. 이러한 것들은 대표적으로 몇 가지만 언급한 것이고, 그들을 세분하면 무수히 많은 이용 사례를 열거할 수 있으나, 크게 다음의 세 가지 정도로 전류의 작용을 분류할 수 있다.

(1) 열을 낸다

도체(금속) 내에는 전기저항이라고 하는 것이 있어서, 전류의 흐름을 방해하려고 하는데 전류가 이 방해를 극복하고 흐르기 위해서는 저항성분과 부딪혀야되고 그 와중에서 열이 발생하게 된다. 이 열의 발생 양은 전기저항의 크기와 전류의 제곱과 전류가 흐른 시간의 곱에 비례한다. 열을 이용하는 경우는 전열기만을 생각하여 따뜻하고 뜨거운 것만을 생각하기 쉬우나 백열전구와 같이 빛을 내는 것도 열에 의한 경우가 있다. 형광등은 그렇지 않지만 백열전구는 필라멘트의 온도를 섭씨 500도 이상 가열하여 빛을 내게 하는 구조로 되어있다. 어느 물체든지 열을 가하여 온도를 차차 높이면 처음에는 검붉은 빛을 내기 시작하다가 차차 흰빛을 내게된다. 그러니까 전열기도 열선의 온도를 더 높게 하면 열과 동시에 빛도 내게 되는 것이다. 다시 말해서 전열기와 백열전구의 차이는 열을 내는 부분의 온도를 적절하게 조절해서 우리가 원하는 용도로 이용하고 있는 것이다.

(2) 자기(磁氣 : 자석의 기운)를 만든다

[그림 1-9]와 같이 자성체에 코일을 감아 전류를 흘리면 클립 같은 쇠붙이를 끌어당긴다. 이런 현상은 코일 내에 자계(磁界)가 생겼기 때문이다. 이렇게 전류에 의해 자석의 기운이 생기고, 자계 내에 도선을 놓고 전류를 흘리면 그 도선은 일정한 방향으로 힘을 받는다. 이 힘을 전자력(電磁力)이라고 하며 이 원리를 이용한 것이 전동기이다. 또한 그 역작용도 성립하여 자계 내에서 도선에 힘을 가하여 이동시키면 그 도선에는 전류가 흐른다. 이 원리를 이용한 것이 발전기인 것이다.

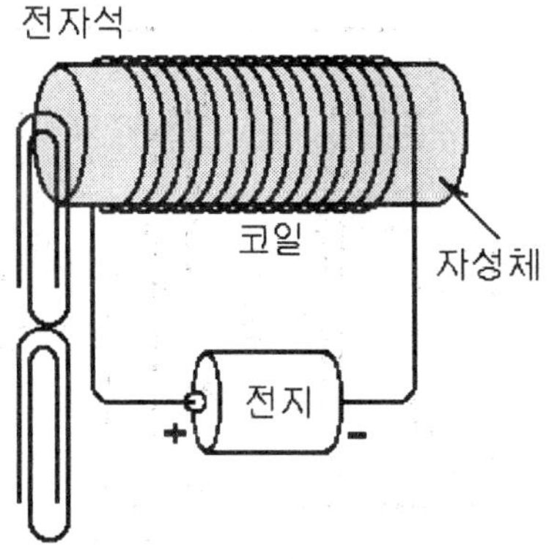

[그림 1-9] 전류의 자기작용

(3) 화학작용(전기분해나 도금)을 한다

물을 전기분해하여 수소와 산소를 분리하는 일 혹은 도금을 하는 일 등은 전류가 화학적인 작용을 한다는 것이다. [그림 1-10]과 [그림 1-11]에 각각 소금물의 전기분해와 은도금의 예를 나타내었다.

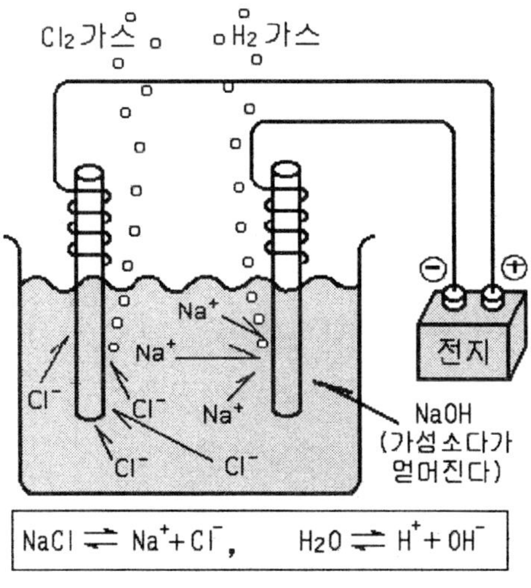

[그림 1-10] 소금물의 전기분해

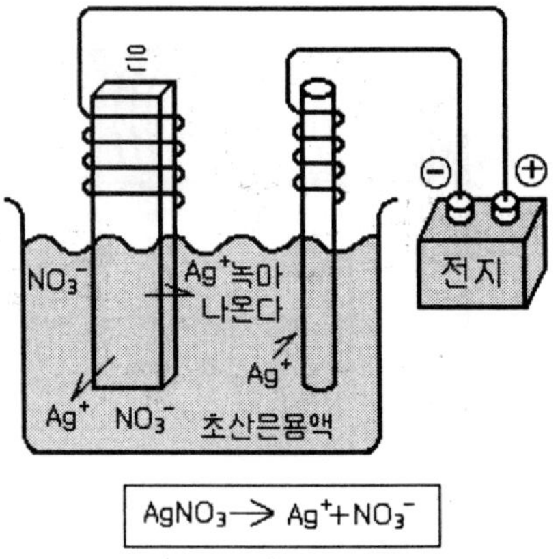

[그림 1 - 11] 은도금

제 2 장

기초 전기 회로

2.1 회로의 기초개념

물질에 전기(electricity)를 작용시키면 발열, 화학작용, 정전 및 전자 유도 등 여러 가지 현상과 작용이 일정한 자연법칙에 따라 나타난다.

회로 이론은 이와 같은 물질의 전기현상과 작용 관계를 전기회로에 대응시켜 이론적으로 규명하기 위한 학문이며, 전기회로의 여러 가지 성질, 전기와 자기 또는 정전기에 관한 현상이나 상호 작용 등의 물리적 의미를 정성적으로 이해하게 함은 물론, 정량적 관계를 명확하게 파악할 수 있다.

일반적으로 전기회로의 기능은 전하와 에너지로서 표현하면 유용하며, 전기적 특성은 전압과 전류의 관계를 확인하면 해석하기에 편리하다.

이 장에서는 이러한 자연법칙의 이론을 이용하여 전기회로에서 나타나는 일반적인 전기현상과 작용에 관계되는 기본적인 정의와 법칙을 학습한다.

2.2 전하(electric charge)

물질의 마찰 등에 의하여 물질에 대전된 가장 기본적인 양을 전하(electric charge) 또는 전기량(quantity of electricity)이라 하고, 양자와 양이온으로 이루는 양전하와 전자나 음이온으로 이루는 음전하가 있으며, 이들 전하 사이에 작용하는 힘을 정전력이라고도 한다. 전하 또는 전기량으로서는 더 이상 쪼갤 수 없는 에너지의 최소량이기도 하므로 M·K·S 단위계에서는 전하의 단위를 쿨롱(coulomb)을 사용하고 [C]로 표시한다. 전자 한 개의 전하는 1.602×10^{-19}[C]이다. 따라서 $\frac{1}{1.602\times10^{-19}}\fallingdotseq6.25\fallingdotseq10^{18}$개의 전자가 모여 1[C]이 된다.

2.3 전류와 전압(electric current and voltage)

전기회로에서 에너지가 전송되려면 전하의 이동이 있어야 하며 전하의 이동을 전류(electric current)라 한다. 전류의 방향은 [그림 2-1]과 같이 습관상 양자가 이동하는 방향으로 정하며, 전자의 이동방향과는 반대다. 따라서 전류는 ⊕에서 ⊖로, 전자는 ⊖에서 ⊕로 흐른다고 하자.

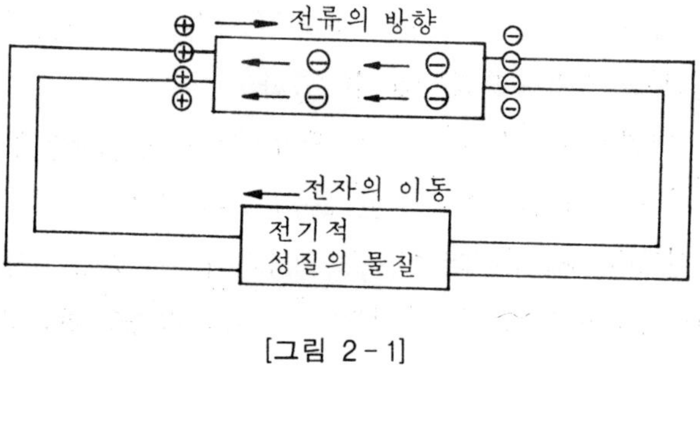

[그림 2-1]

전류의 크기는 회로의 단면을 단위시간에 통과하는 전하량으로 정의하며, 단위로는 암페어(ampere : A)를 사용하고 기호는 I로 표시한다. 1[A]는 1[sec] 동안에 1[C]의 전하가 통과할 때의 전류의 세기를 말한다. 따라서 t[sec]동안 Q[C]의 전하가 일정한 비유로 이동했다면 이때의 전류 I[A]는 다음과 같다.

$$I = \frac{Q}{t}\,[\text{A}] \text{ 또는 } Q = I \cdot t\,[\text{C}] \tag{2-1}$$

그리고 이동하는 전하의 양이 시간에 따라 변화된다면 미소변화에 따른 dt [sec] 간의 dq[C]의 전하량이 이동하였을 때 전류 i[A]는 다음과 같다.

$$i = \frac{dq}{dt}\,[\text{A}] \text{ 또는 } q = \int i\ dt\,[\text{C}] \tag{2-2}$$

회로에 전류가 흐를 때는 반드시 에너지 변환과 전송이 수반된다. 단위 정전하가 회로의 두 점 사이를 이동할 때 얻거나 또는 잃는 에너지를 두 점간의 전위차(electric potential difference) 또는 전압(voltage)이라고 하며, M · K · S 상용단위로 볼트(volt :V)라 하며 기호는 V이다. 1[V]란 1[C]의 전하가 두 지점간을 이동할 때 남고 모자라는 에너지가 1[J]일 때의 전위차 또는 전압이다. Q[C]의 전하가 전위차가 일정한 두 지점간을 이동할 때, 남고 모자라는 에너지를 W[J]이라면 두 지점간의 전위차 V[V]는

$$V = \frac{W}{Q}\,[\text{V}] \text{ 또는 } W = VQ\,[\text{J}] \tag{2-3}$$

따라서 미소전하 dq[C]이 이동할 때 수반되는 에너지 dw[J]이라면 두 지점간의 전위차

$$v = \frac{dw}{dq} \text{ 또는 } w = \int v\ dq \tag{2-4}$$

예제 2-1 어떤 도체의 단면을 3분간에 360[C]의 전기량이 통과되었다면 전류의 크기는 얼마인가?

풀이 $I = \frac{Q}{t} = \frac{360}{3 \times 60} = \frac{360}{180} = 2\,[\text{A}]$

예제 2-2 두 점 사이에서 20[C]의 전하를 옮기는 데 60[J]의 에너지가 필요하다면 두점 사이의 전압은 얼마인가?

풀이 $V = \frac{W}{Q} = \frac{60}{20} = 3[\text{V}]$

2.4 전력(power)

단위 시간에 변환 또는 전송되는 에너지를 전력(power)이라 하며, M · K · S 단위는 와트(watt : W)이고, 기호는 P로 표시한다. 1[W]는 1[sec] 동안에 변환 또는 전송되는 에너지가 1[J]일 때의 전력을 말한다. 따라서 전력 P는

$$P = \frac{W}{t}[\text{W}] \text{ 또는 } W = P \cdot t\,[\text{J}],\ [\text{W} \cdot \text{sec}] \quad (2\text{-}5)$$

이 되고, 전기의 기본이 되고 있는 전력, 전압, 전류 및 시간과의 관계는 식 (2-1), (2-3), (2-5)로부터

$$W = P \cdot t = VQ = I^2 Rt\,[\text{J}] \quad (2\text{-}6)$$

$$\therefore P = \frac{W}{t} = \frac{VQ}{t} = \frac{VIt}{t} = VI = I^2 \cdot R = \frac{V^2}{R}[\text{W}] \quad (2\text{-}7)$$

그리고 주거나 받는 에너지가 시간적으로 변하면

$$p = \frac{dw}{dt} = \frac{dw}{dq} \cdot \frac{dq}{dt} = v \cdot i\,[\mathrm{W}] \qquad (2\text{-}8)$$

$$w = \int_o^t p\,dt = \int_0^t v \cdot i\,dt\,[\mathrm{J}],\ [\mathrm{W \cdot S}] \qquad (2\text{-}9)$$

이 된다.

예제 2-3 3분간에 18700[J]의 일을 했다. 전력 [W]는 얼마인가?

풀이 $P = \frac{W}{t} = \frac{1800}{3 \times 60} = 10[\mathrm{W}]$

2.5 저항(resistance)

전위차, 즉 전압만 있으면 전류가 흐르는 것은 아니다. 전자가 이동할 때는 전자의 이동(전류의 흐름)을 방해하는 성질을 저항(resistance)이라 하며 단위로는 옴(ohm : Ω)을 사용하며 기호는 R로 표시한다. 전류의 흐름을 촉진하는 성질을 도전이라 하며 단위는 모(mho : ℧)를 사용하며 기호는 G로 표시한다.

저항의 표시기호는 [그림 2-2]에 나타낸다.

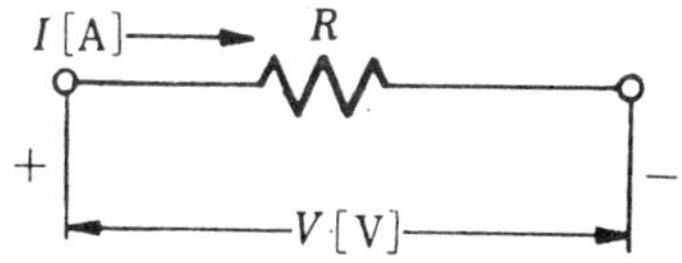

[그림 2-2]

저항의 크기에 따라서, 메가옴[MΩ], 킬로옴[KΩ], 옴[Ω], 밀리옴[mΩ], 마이크로옴[μΩ] 등의 단위로 환산할 수 있으며

$$\left.\begin{aligned} 1[\mathrm{M}\Omega] &= 10^3[\mathrm{K}\Omega] = 10^6[\Omega] \\ 1[\Omega] &= 10^3[\mathrm{m}\Omega] = 10^6[\mu\Omega] \end{aligned}\right\} \qquad (2.10)$$

이 된다. 1[Ω]이란 1[A]의 전류를 통과시키는 데 1[V]의 전압을 필요로 하는 저항을 의미한다. 또한 저항의 역수 $G = \frac{1}{R}$로 하고, 콘덕턴스로 호칭한다.

2.6 옴의 법칙(Ohm's law)

옴의 법칙은 전압 (V), 전류(I), 저항(R)의 상호관계를 독일의 George Simon Ohm(1787~1854)에 의해서 실험적으로 증명된 것으로 도체에 흐르는 전류의 크기는 인가한 전압에 비례하고 전기저항에 반비례한다. 즉

$$I = \frac{V}{R}[\mathrm{A}], \quad V = IR[\mathrm{V}] \qquad (2\text{-}11)$$

이같은 상호관계를 음의 법칙이라 하며 전기회로의 기본적 법칙이다.

예제 2-4 10[Ω]의 저항에 100[V]의 전압을 가하면 전류 I[A]는 얼마인가?

풀이 $I = \frac{V}{R} = \frac{100}{10} = 10[\mathrm{A}]$

2.7 주울의 법칙(Joule's law)

도체에 전류가 흐르면 열이 발생한다는 사실을 실험적으로 영국의 J.P. Joule(1818~1889)이 입증하였다. 그는 도체에 흐르는 전류에 의하여 단위시간에 발

생하는 열량은 I^2R에 비례한다고 주장하였는데, 이 법칙을 Joule의 법칙(Joule's law)이라 하며, 이때 발생한 열을 Joule열이라 한다.

저항 R[Ω]의 도체 속에 전류 I[A]가 t[sec] 동안 흐를 때 발생하는 열량 H는

$$H = I^2Rt[\text{J}] \fallingdotseq 0.24I^2Rt[\text{cal}] \tag{2-12}$$

과 같이 표시된다.

따라서 1[A]의 전류가 1[Ω]의 저항에 1[sec] 동안 흐를 때 발생하는 열량을 1[J]이라고 한다.

2.8 키르히호프의 법칙(Kirchhoff 's law)

키르히호프의 법칙(Kirchhoff's law)은 여러 개의 저항이 접속되는 방법에 따라 전류와 전압 관계가 다르게 되므로, 이와 같은 관계를 조금 쉽게 해석하고자 하는 법칙으로 제1법칙(전류법칙)과 제2법칙(전압법칙)으로 나눈다.

(1) 제1법칙(전류법칙 : KCL)

도선의 임의의 접합점(마디)에 들어가는 전류와 나오는 전류의 대수합은 0이다. 이 법칙을 키르히호프의 전류법칙(Kirchhoff's current law), 즉 KCL이라 한다.

[그림 2-3]에서 접합점(a점)에 들어가는 전류를 +로 하면, 나오는 전류는 −로 하여야 하며

$$i_1 - i_2 + i_3 - i_4 + i_5 = 0 \tag{2-13}$$

로 되며 일반적인 경우에는

$$\sum_{k=1}^{n} i_k = 0 \tag{2-14}$$

이 된다.

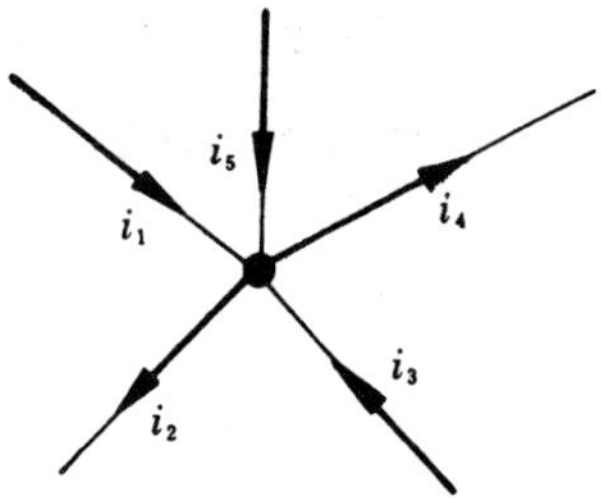

[그림 2-3]

(2) 제2법칙(전압법칙 : KVL)

임의의 폐회로에서 한 방향으로 일주하면서 취한 전압상승의 총합과 전압강하의 총합은 같다. 이 법칙을 키르히호프의 전압법칙(Kirchhoff's voltage law), 즉 KVL이라 한다.

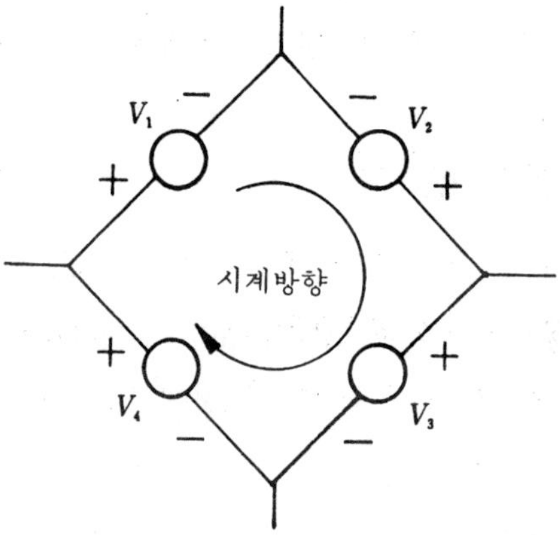

[그림 2-4]

[그림 2-4]에서 시계방향으로 일주할 때 전압상승을 +, 전압강하를 －로 잡으면

$$-V_1 + V_2 - V_3 + V_4 = 0 \tag{2-15}$$

일반적으로

$$\sum_{k=1}^{n} V_k = O \qquad (2\text{-}16)$$

이 된다.

예제 2-5 [그림 2-5]와 같이 직류회로에서 전류 I를 구하여라.

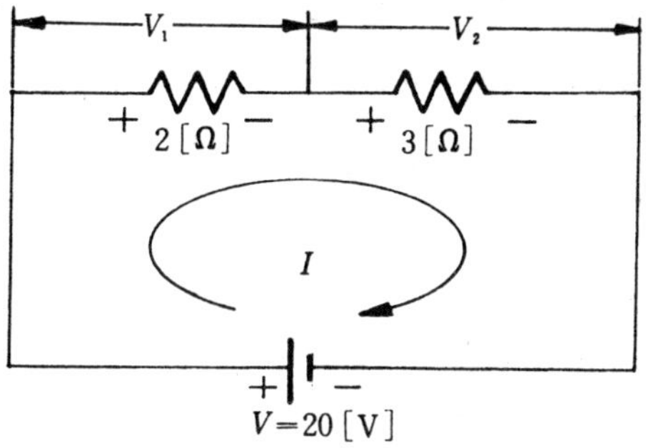

[그림 2-5]

풀이 시계방향으로 일주하면서 키르히호프의 제2법칙을 적용하면, 전압 상승을 +, 전압강하를 −로 하면,

$$20 - V_1 - V_2 = 0,\quad V_1 + V_2 = 20$$

여기서 옴의 법칙을 적용하면, $V_1 = 2I$, $V_2 = 3I$ 이므로

$$2I + 3I = 20 \qquad \therefore I = \frac{20}{5} = 4 \text{ [A]}$$

(간단한 풀이) $I = \dfrac{V}{R} = \dfrac{V}{R_1 + R_2} = \dfrac{20}{2+3} = 4\text{[A]}$

2.9 저항의 접속

저항의 접속에는 직렬, 병렬, 직 · 병렬접속의 3가지가 있지만 크게 나누면 직렬, 병렬접속 2가지가 있다.

(1) 직렬접속

[그림 2-6]과 같이 n개의 저항 R_1, R_2, R_3, ⋯, R_n을 직렬접속하고, 단자 a, b간에 접압 V [V]를 인가하면 저항들의 한 통로를 따라 전류 I가 흐른다. 따라서 직렬접속하는 경우에는 전류 I가 같고, 각각의 저항에 걸리는 전압은 옴의 법칙에 따라 다르다. 이때 각 저항에 걸리는 전압을 V_1, V_2, V_3, ⋯, V_n이라 하면, 옴의 법칙에 의해

$$V_1 = IR_1[\mathrm{V}],\ V_2 = IR_2[\mathrm{V}],\ V_3 = IR_3[\mathrm{V}], \cdots,\ V_n = IR_n[\mathrm{V}] \qquad (2\text{-}17)$$

이 된다.

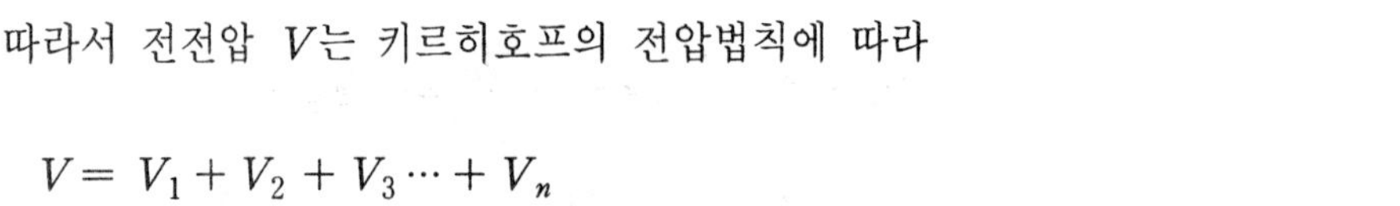

[그림 2-6]

따라서 전전압 V는 키르히호프의 전압법칙에 따라

$$\begin{aligned} V &= V_1 + V_2 + V_3 \cdots + V_n \\ &= I(R_1 + R_2 + R_3 + \cdots + R_n) \end{aligned} \qquad (2.18)$$

그러므로 직렬합성저항 R_0는 옴의 법칙에 의해

$$R_0 = \frac{V}{I} = \frac{I(R_1 + R_2 + R_3 + \cdots + R_n)}{I}$$
$$= R_1 + R_2 + R_3 + \cdots + R_n \,[\Omega] \qquad (2\text{-}19)$$

이 된다.

예제 2-6 [그림 2-7] 회로와 같이 2개의 저항이 직렬접속되었을 경우, 각 저항에 걸리는 전압 V_1, V_2를 구하여라.

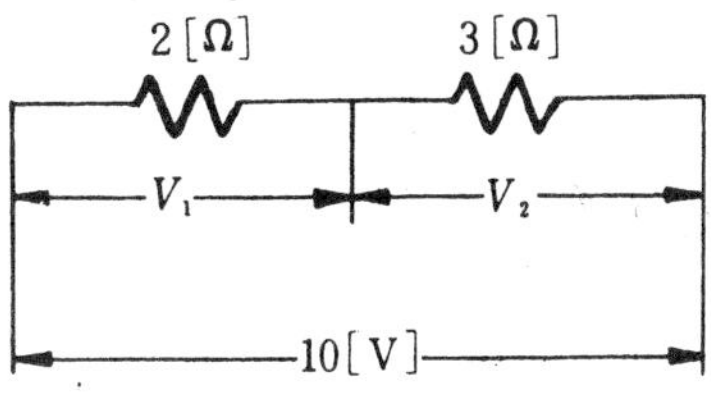

[그림 2-7]

풀이 $V_1 = IR_1$, $V_2 = IR_2$

따라서 I를 구하면 옴의 법칙에 의해 $I = \frac{V}{R}$ 이므로 합성저항 R를 구하여 대입한다.

합성저항 $R = R_1 + R_2 = 2 + 3 = 5\,[\Omega]$

$$I = \frac{V}{R} = \frac{10}{5} = 2[\text{A}]$$

$\therefore\ V_1 = IR_1 = 2 \times 2 = 4[\text{V}]$, $V_2 = IR_2 = 2 \times 3 = 6[\text{V}]$

(간단한 풀이) 2개의 저항이 직렬로 접속되어 있는 경우, 각 저항에 걸리는 전압 V_1, V_2를 구하는 방법은 다음과 같다.

$$\begin{cases} V_1 = IR_1 = \dfrac{V}{R} \cdot R_1 = \dfrac{R_1}{R_1 + R_2} \cdot V = \dfrac{2}{2+3} \times 10 = 4\,[\text{V}] \\ V_2 = IR_2 = \dfrac{V}{R} \cdot R_2 = \dfrac{R_2}{R_1 + R_2} \cdot V = \dfrac{3}{2+3} \times 10 = 6\,[\text{V}] \end{cases}$$

$$\therefore V_1,\ V_2 = \frac{\text{자기 쪽 저항}}{\text{각 저항의 합}} \times \text{전체전압}$$

(2) 병렬접속

[그림 2-8]과 같이 n개의 저항 R_1, R_2, R_3, …, R_n을 병렬접속하고, 단자 a, d 간에 전압 V[V]를 인가하면 각 저항에 흐르는 전류가 다르고, b, c 점에 접속되어 있으므로 각 저항에 인가되는 전압은 같다. 따라서 각 저항에 흐르는 전류를 I_1, I_2, I_3, …, I_n이라 하면, 옴의 법칙에 의해

$$I_1 = \frac{V}{R_1},\ I_2 = \frac{V}{R_2},\ I_3 = \frac{V}{R_3},\ \cdots,\ I_n = \frac{V}{R_n} \tag{2-20}$$

가 된다.

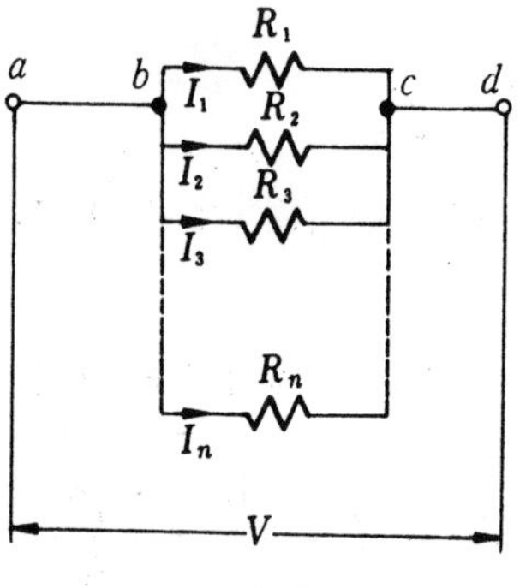

[그림 2-8]

따라서 이 회로는 전전류 I는 키르히호프의 법칙에 따라

$$\begin{aligned} I &= I_1 + I_2 + I_3 + \cdots + I_n \\ &= V\left(\frac{1}{R_1} + \frac{1}{R_2} + \frac{1}{R_3} + \cdots + \frac{1}{R_n}\right) [\text{A}] \end{aligned} \tag{2-21}$$

가 된다. 따라서 병렬합성저항 R_0는

$$R_0 = \frac{V}{I} = \frac{V}{V\left(\frac{1}{R_1} + \frac{1}{R_2} + \frac{1}{R_3} + \cdots + \frac{1}{R_n}\right)}$$

$$= \frac{1}{\frac{1}{R_1} + \frac{1}{R_2} + \frac{1}{R_3} + \cdots + \frac{1}{R_n} +} \ [\Omega] \qquad (2\text{-}22)$$

예제 2-7 [그림 2-9] 회로의 전류 I_1, I_2를 구하여라.

풀이 $I_1 = \frac{V}{R_1}$, $I_2 = \frac{V}{R_2}$

따라서 $V = IR$이므로 합성저항 R_0를 구하여 대입한다.

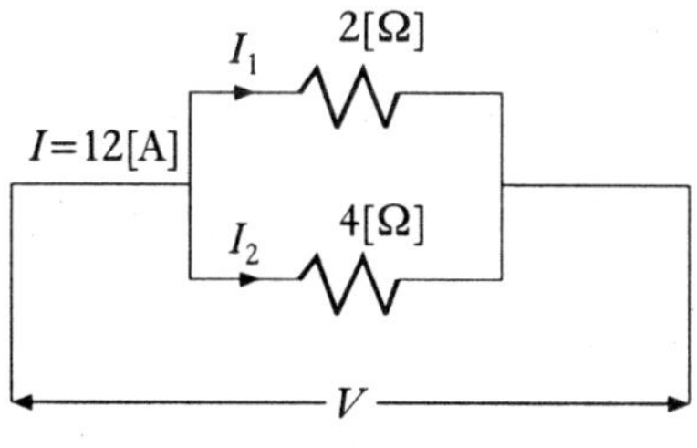

[그림 2-9]

$$R_0 = \frac{1}{\frac{1}{R_1} + \frac{1}{R_2}} = \frac{1}{\frac{1}{2} + \frac{1}{4}} = \frac{8}{6}, \quad V = 12 \times \frac{8}{6} = 16[\text{V}]$$

$$\therefore I_1 = \frac{V}{R_1} = \frac{16}{2} = 8[\text{A}], \ I_2 = \frac{V}{R_2} = \frac{16}{4} = 4[\text{A}]$$

(간단한 풀이) 2개의 저항이 병렬접속되었을 경우, 합성저항

$R = \frac{R_1 \cdot R_2}{R_1 + R_2}$가 되며 각 저항에 흐르는 전류 I_1, I_2는

$$\begin{cases} I_1 = \dfrac{V}{R_1} = \dfrac{I \cdot R}{R_1} = \dfrac{R_2}{R_1 + R_2} \cdot I = \dfrac{4}{2+4} \times 12 = 8\,[\mathrm{A}] \\ I_2 = \dfrac{V}{R_2} = \dfrac{I \cdot R}{R_2} = \dfrac{R_1}{R_1 + R_2} \cdot I = \dfrac{2}{2+4} \times 12 = 4\,[\mathrm{A}] \end{cases}$$

$$\therefore I_1,\ I_2 = \frac{\text{반대 쪽 저항}}{\text{각 저항의 합}} \times \text{전체 전류}$$

2.10 회로소자(circuit element)

전기회로를 구성하는 회로소자는 수동소자(passive element)와 능동소자(active element)로 나눌 수 있으며 저항, 유도 코일, 콘덴서와 같이 외부의 전기적 에너지의 공급을 받지 않으면 회로 내에서 하등의 전기적인 효과를 나타내지 못하는 소자들을 수동소자라 하며, 반면에 능동소자는 외부의 전기적 에너지의 공급이 없어도 회로 내에서 전기적인 일을 할 수 있는 소자, 즉 전원장치를 들 수 있다.

(1) 수동소자(passive element)

1) 저항(resistance : R)

전기회로에서 두 지점간을 흐르는 전류는 두 단자간의 전압에 비례한다. 이 비례계수를 저항이라 하며, 기호는 R로 표시하고, M · K · S 단위로는 옴(ohm : Ω)을 사용한다. 전술한 옴의 법칙에 의해서

$$V = RI\ [\mathrm{V}],\ I = \frac{V}{R} = GV[\mathrm{A}] \tag{2-23}$$

여기서 $G = \dfrac{1}{R}$ 이며 콘덕턴스라고 부르며, 단위는 모(mho : ℧)이다. [그림

2-10]에 표시기호를 표시한다. 저항소자 내에는 에너지는 축적되지 않고 주울열로 소모되는 전기적 에너지이다.

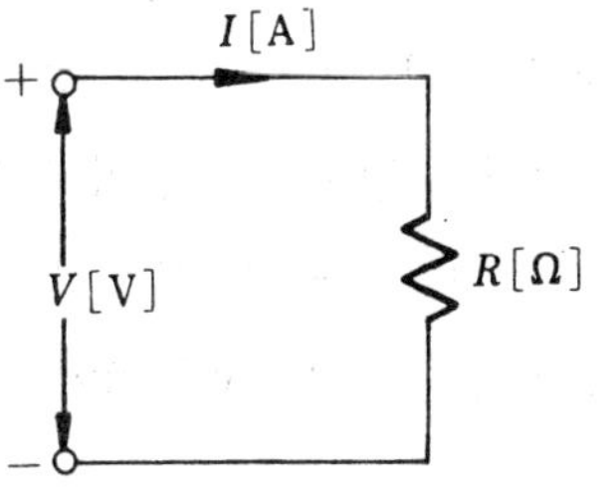

[그림 2 - 10]

또 도선의 저항은 길이 (l)에 비례하고, 단면적 (S)에 반비례한다. 이것을 식으로 표시하면

$$R = \rho \frac{l}{S} [\Omega] \qquad (2\text{-}24)$$

이다. 윗식에서 비례상수 ρ는 도선의 재질에 따라 결정되는 정수로서, 이것을 고유저항 또는 저항률이라 하고, 단위는 [$\Omega \cdot$ m]를 사용한다. 또한 저항률 ρ의 역수를 도전율이라 부르고, 단위는 [℧/m]를 사용한다. 일반적으로 금속의 저항은 온도에 비례하여 증가한다. 지금 온도상승 전의 저항값(보통 20℃의 값)을 R_0라 하고, $t°$ [C]에서의 저항값을 R_1라 할 때 온도가 1° [C] 높아지면 R_0의 α배, $t°$ [C] 높아지면 그의 t배가 되므로 $\alpha t R_0$만큼 커져서 도선의 저항 R_1는

$$\begin{aligned} R_1 &= R_0 + \alpha t R_0 \\ &= R_0(1 + \alpha t) \end{aligned} \qquad (2\text{-}25)$$

와 같이 되면 a는 온도계수로서 금속도체에서 a는 0보다 크나 탄소전해액, 반도체 등에서는 "0"보다 적으므로 온도가 높아지면 저항은 감소한다.

2) 인덕턴스(inductance : L)

도선에 전류가 흐르면 그 주위에 자장(magnetic field)이 형성되며, 그 자장의 모양을 자력선이라 한다. 전류와 자력선의 방향과의 관계는 오른 나사의 법칙이 적용되며, 전류의 방향이 나사가 진행하는 방향이라면 자장은 나사가 돌아가는 방향이다. 어떤 단면을 통과하는 자력선을 한 묶음하여 자속(magnetic flux)이라 하여, ϕ로 표시하며 M · K · S 단위는 웨버(Weber)이다.

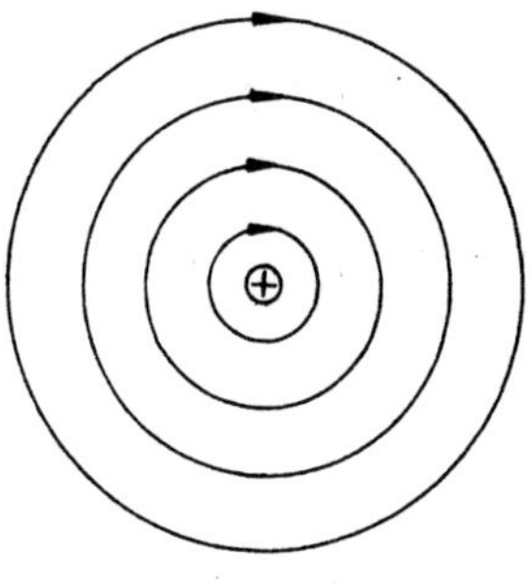

[그림 2-11]

[그림 2-11]과 같이 전류에 의해서 생기는 자속은 반드시 폐회로를 이루며, 전류와 쇄교(link)한다. 자속이 전류와 쇄교하는 수를 자속쇄교수라 하고, 단위는 웨버 · 턴(Weber · Turn)을 사용한다. 코일의 권선수를 n, 자속을 ϕ라고 할 때의 자속쇄교수 라무다 λ는

$$\lambda = n\phi\,[\text{Weber} \cdot \text{Turn}] \qquad (2\text{-}26)$$

로서 코일의 권선수와 자속의 곱으로서 표시한다.

패러데이의 법칙(Faraday's law)에 의하면 자속쇄교수의 시간적 비율이 기전력이므로

$$v = \frac{d\lambda}{dt}\,[\text{V}] \qquad (2\text{-}27)$$

이 기전력을 유기 기전력 또는 유기전압이라 한다.

전류에 의하여 자속쇄교수가 직선적으로 변화하는 범위에서는

$$\lambda = L\,i\,[\text{Weber} \cdot \text{Turn}] \qquad (2\text{-}28)$$

인데, 여기서 L은 직선부분의 기울기이고, 회로의 자기 인덕턴스 또는 인덕턴스 (inductance)라고 부르며, 단위는 헨리(Henry : H)를 사용한다. 1[H]는 1[A]의 전류에 의하여 생기는 자속쇄교수가 1[Wb · T]일 때의 인덕턴스를 말한다. 식 (1-28)을 식 (1-27)에 대입하면

$$v = L\frac{di}{dt}\,[\text{V}] \qquad (2\text{-}29)$$

여기서 L은 코일에서 단자전압이 전류의 시간적 변화율에 비례함에 의미하고, 그 비례정수가 인덕턴스이다.

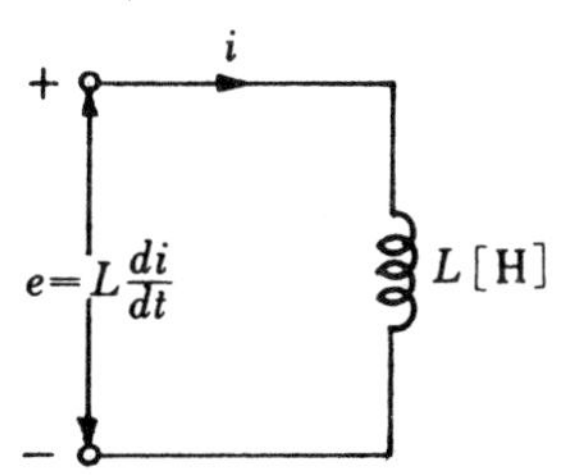

[그림 2 - 12]

식 (2-29)에 의하면 1[H]는 코일의 전류가 매초 1[A]의 비율로 변화할 때 1[V]의 기전력이 유기되는 경우이다.

그러므로 전류는

$$i = \frac{1}{L}\int v\,dt\,[\text{A}] \qquad (2\text{-}30)$$

이 소자에서 공급된 전기 에너지는 자기 에너지로 바꾸어 축적된다. 그리고 식 (2-29)에서 i가 급격히 변화하면 v가 ∞가 되므로 실질적으로 전류 i를 급격히 변화할 수 없다.

인덕턴스를 흐르는 전류의 방향으로 생기는 전압강하(유기전압)를 v라 하면 식 (2-29)의 부호관계를 만족한다(그림 2-12).

만일 $v \cdot i$ 중 하나의 방향이 반대로 되면 $v=-L\dfrac{di}{dt}$ [V]가 된다.

예제 2-8 1[H]의 인덕턴스에 [그림 2-13(a)]와 같은 전류를 흘린 경우, 유기되는 역기전력의 파형을 그려라.

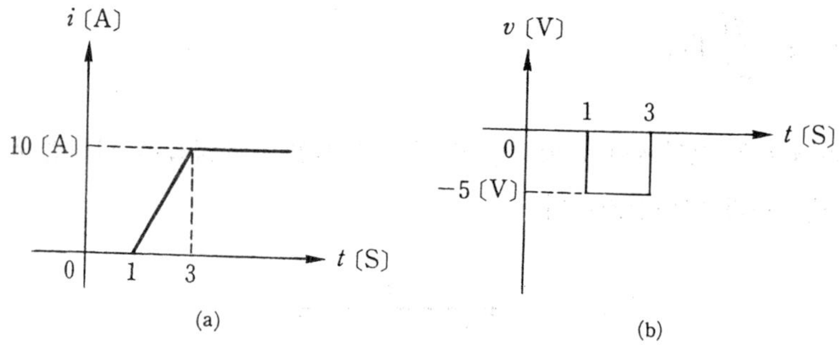

[그림 2-13]

풀이 $0<t<1\ ;\ \dfrac{di}{dt}=0 \quad \therefore\ v=-L\dfrac{di}{dt}=0$

$1<t<3\ ;\ \dfrac{di}{dt}=\dfrac{10-0}{3-1}=5$

$\therefore\ v=-L\dfrac{di}{dt}=(-1)\times 5=-5\,[\mathrm{V}]$

$t>3\ ;\ \dfrac{di}{dt}=0 \quad \therefore\ v=-L\dfrac{di}{dt}=0$

전압파형은 [그림 2.13(b)]와 같다.

3) 커패시턴스(capacitance : C)

절연체를 사이에 두고 서로 대립하고 있는 두 도체간에 전위차가 존재하면, 전위가 높은 도체에 정전하 전위가 낮은 도체에 같은 양의 부전위가 축적된다.

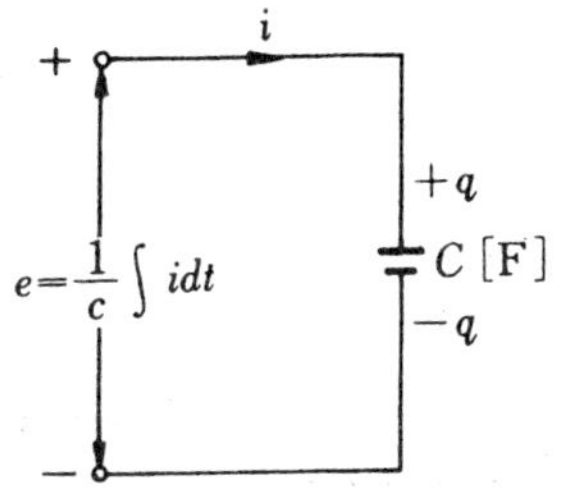

[그림 2 - 14]

이때 축적되는 전하와 전위차가 비례하는 범위에서는

$$q = cv[\mathrm{C}] \tag{2-31}$$

이 성립되고, C는 직선부분의 기울기이고, 두 도체간의 커패시턴스 또는 콘덴서라고 부른다.

$$i = \frac{dq}{dt} = C = \frac{dv}{dt}[\mathrm{A}] \tag{2-33}$$

이 되며, [그림 2-14]에서 전하의 극성을 표시하였다.

그리고 C [F]는 L [H]과 반대로 식 (2-33)에서 v가 급격히 변화하면 i가 ∞가 되므로 실질적으로 v를 급격히 변화할 수 없다.

이 소자에 공급된 전기 에너지는 정전 에너지로 바꾸어 축적된다.

예제 2-9 2[F]의 커패시턴스에 [그림 2.15(a)]와 같은 전압을 인가한 경우 흐르는 전류파형을 그려라.(단, 초기값 전압은 없다.)

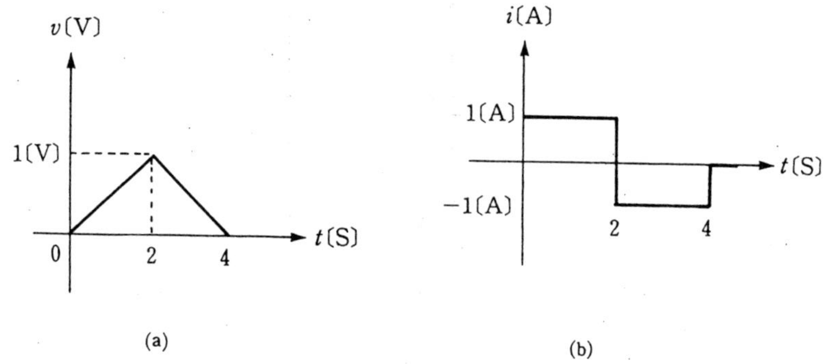

[그림 2-15]

풀이 커패시턴스 양단에 전압 v를 가할 때 흐르는 전류 $i = c\dfrac{dv}{dt}$ 이므로

$$0 < t < 2\ ;\ \frac{dv}{dt} = \frac{1-0}{2-0} = \frac{1}{2} \quad \therefore i = C\frac{dv}{dt} = 2 \times \frac{1}{2} = 1[\mathrm{A}]$$

$$2 < t < 4\ ;\ \frac{dv}{dt} = \frac{0-1}{4-2} = \frac{1}{2} \quad \therefore i = C\frac{dv}{dt} = 2 \times \left(\frac{1}{2}\right) = -1[\mathrm{A}]$$

전류파형은 [그림 2-15(b)]와 같다.

(2) 능동소자(active element)

능동소자란 전기적 에너지를 공급하는 장치, 즉 전원장치를 말하며, 이것도 양단자에서 관측되는 전압, 전류의 관계에 따라서 정전압원가 정전류원으로 구분된다.

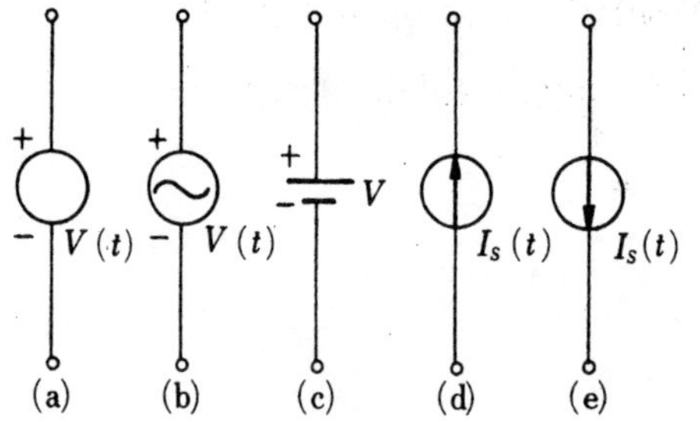

[그림 2-16]

[그림 2-16]은 능동소자의 심벌(기호)에 대한 표시이며 (a)는 정전압원의 일반적인 기호이며, (b)는 특히 발생하는 전압이 정현파인 경우이고, (c)는 불변전압(직류)인 경우이고, (d), (e)는 정전류원의 일반적인 기호를 나타내고 있다.

1) 정전압원(constant voltage source)

전압전원에서 부하에 관계없이 그 단자에 일정한 전압을 발생하는 전원을 정전이라 한다. 따라서 정전압원은 내부 임피던스가 0이다. 그러므로 정전압원을 단락시키면 전류는 무한대가 된다. 그러나 실제의 전압전원은 내부 임피던스가 있으므로 [그림 2-17(a)]와 같이 정전압 V와 내부 임피던스 Z의 직렬회로로 나타낸다. 그리고 부하전류 I일 때 단자전압 V_0는 다음과 같이 표시된다.

$$V_0 = V - ZI \tag{2-34}$$

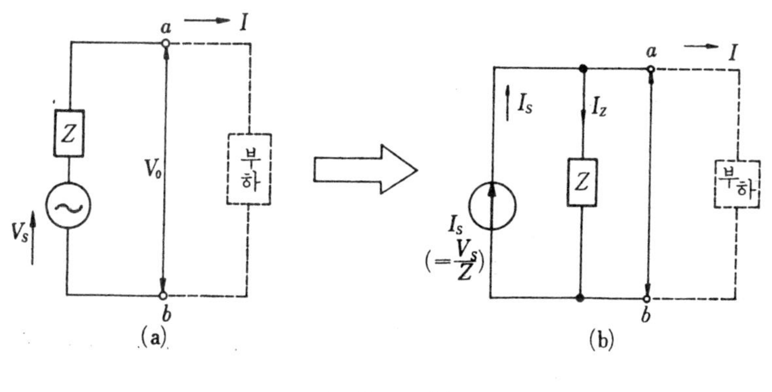

[그림 2-17]

2) 정전류원(constant current source)

부하에 관계없이 일정한 전류를 흘려 주는 전원을 정전류원이라 한다. 따라서 정전류원은 내부 임피던스가 무한대이다. 그러므로 정전류원을 개방하면 그 단자 전압은 무한대이다. [그림 2.17(b)]와 같이 ○ 안에 전류가 흐르는 방향을 화살표를 붙여 표시한다.

제 3 장

정현파교류

3.1 전류의 종류

전기회로는 전원의 기전력, 전압의 종류, 회로의 분포상태에 따라서 시간적으로 변화하는 여러 종류의 전류가 있다.

[그림 3-1]은 몇 가지 종류의 전류가 시간에 따라 변화하는 모양을 나타낸 것인데, 그림 (a)와 같이 흐르는 방향과 크기가 항상 일정한 전류를 직류(direct current, D.C)라 하고, 그림 (b), (c)와 같이 시간에 따라 크기와 방향이 규칙적으로 변화하는 전류를 교류전류 또는 교류(alternating current, A.C)라고 한다. 특히 교류에서 그림 (b)와 같이 파형이 정현파상으로 변화하는 것을 정현파교류(sinewave A.C)라 하고, 그림 (c)와 같이 파형이 정현파형이 아닌 것을 변형파교류(또는 비정현파교류, distorted wave, A.C)라 한다.

그런데 일반적으로 교류라고 하면 정현파교류를 의미한다. 그림 (d)와 같이 직류에 작은 교류가 합성한 것을 맥류(pulsating current)라 하고, 그림 (e)와 같이 시간에 따라 충격적으로 변화하는 전류를 펄스 전류(pulse current)라 한다. 또 그림 (f)의 a나 b 곡선과 같이 회로의 개폐나 회로정수의 변화 등으로 어느 일정치가 되기 전에 극히 작은 시간 동안에만 과도적으로 흐르는 전류를 과도전류(transient current)라 한다.

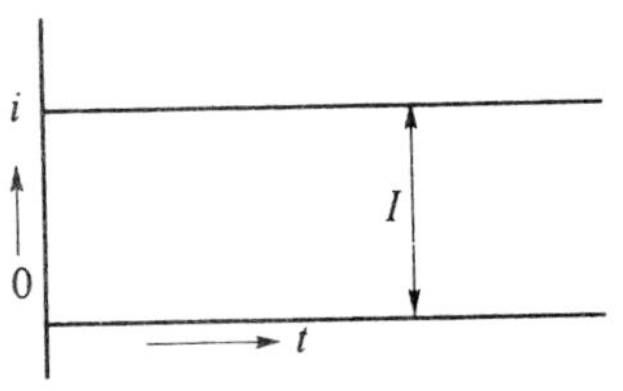

(a) 직류

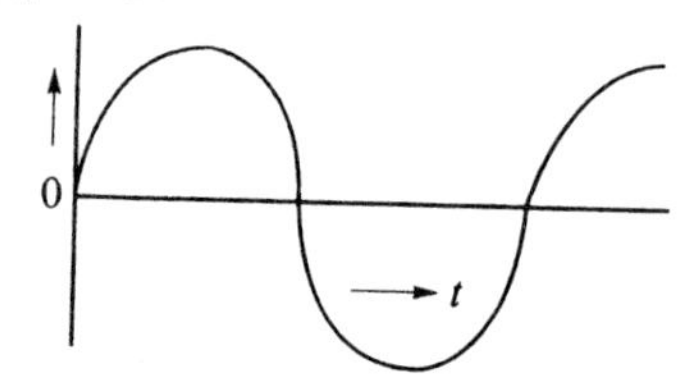

(b) 정현파 교류

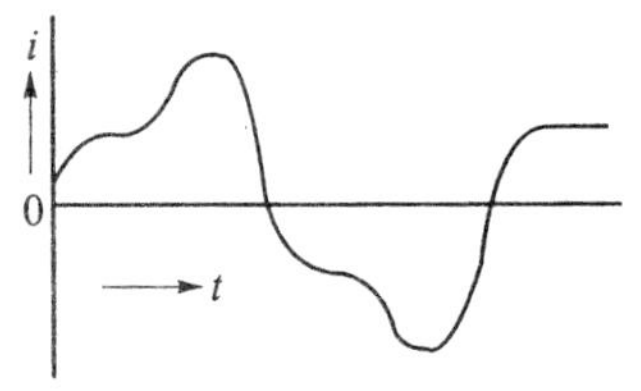

(c) 변형파 교류

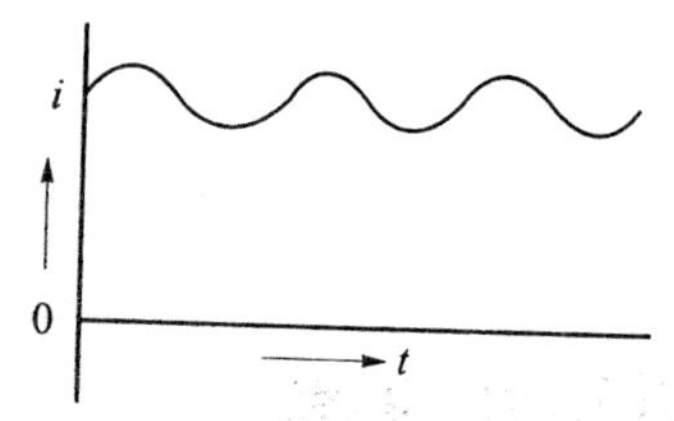

(d) 맥류

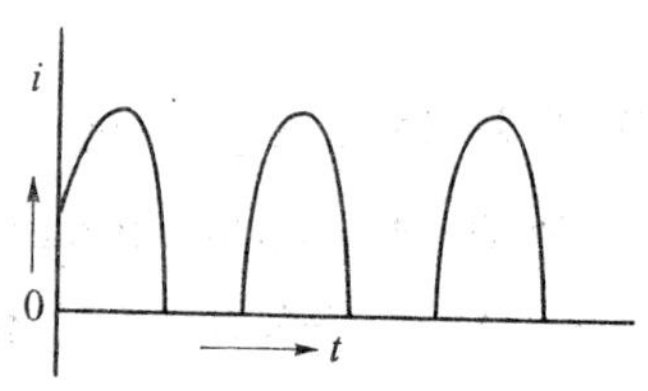

(e) 펄스 전류

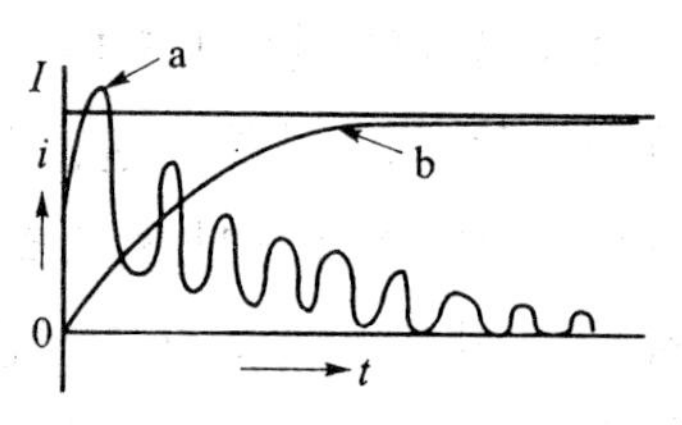

(f) 과도전류

[그림 3-1] 각종 전류의 실례

3.2 정현파교류의 발생

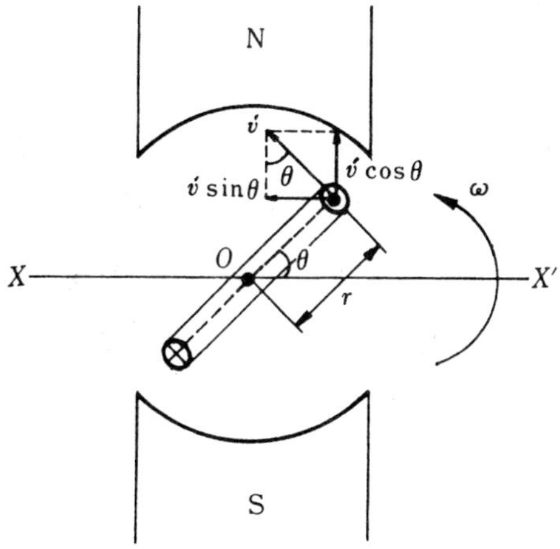

[그림 3-2]

[그림 3-2]와 같이 N · S극 간의 자속을 끊는 부분이 길이 l [m], 폭 2γ인 코일이 자속밀도 B[wb/m^2]인 평등자계 내에서 일정한 각속도 w로 회전한다고 하자. 코일의 회전반경이 γ[m]이고, 각속도가 w[rad/s]이므로 코일의 주변속도 v'[m/s]는

$$v' = w \cdot r\text{[m/s]} \tag{3-1}$$

이 된다. 따라서 코일 한 변에 생기는 기전력의 크기는

$$v = B \cdot l \cdot v' \cdot B \cdot l \cdot w \cdot r\text{[V]} \tag{3-2}$$

이다. 그런데 식 (3-2)에서 Blv'의 값은 자속밀도, 코일의 길이, 코일의 회전속도로 정해지므로 일정한 값이 된다. 따라서 이것을 V_m이라 하고 자극 사이에 중심선 XOX'로부터 θ만큼 코일의 회전한 순간의 기전력 v는 다음과 같다.

$$v = Blv' \sin\theta = V_m \sin\theta\text{[V]} \tag{3-3}$$

(단, $V_m = Blv'$)

그리고 코일이 회전을 시작하여 t[sec] 동안에 각도 θ만큼 회전했다고 하면 $\theta = w \cdot t$[red]이므로 식 (2.4)와 같이 표시한다.

$$v = V_m \sin wt \,[\mathrm{V}] \qquad (3\text{-}4)$$

여기서 v는 각 순간에서의 전압의 값이므로 정현파전압의 순시값이라 하고, V_m은 전압의 최대값으로 표시한다. 따라서 식 (3-4)를 그림으로 나타내면 [그림 3-3]과 같이 t에 대하여 코일이 1회전하는 사이에 반회전마다 기전력의 방향이 반전하므로 처음 반회전간의 방향을 기전력의 정방향으로 결정하면 다음 반회전간의 부방향의 기전력으로 발생한다.

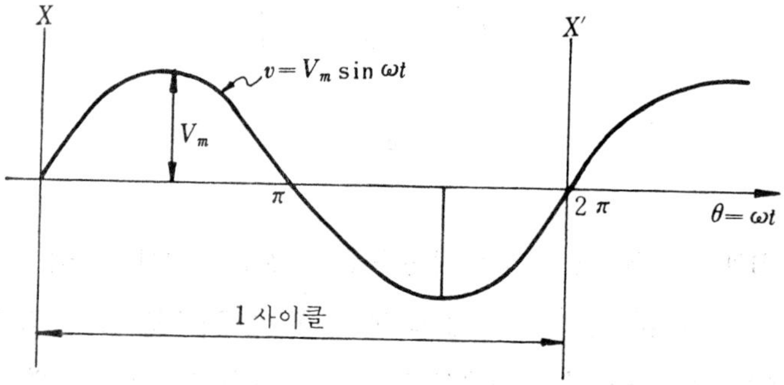

[그림 3-3]

3.3 주기와 주파수

[그림 2-3]에서 기전력이 한 번 변화하여 원위치로 돌아오는 데 1주파가 소요된다. 이때 1주파의 각을 2π[rad]이라 하면 어떤 정현파 교류도 식 (3-4)와 같이 간단한 수식으로 표시할 수 있다. 1사이클이라 함은 파형이 정, 부와 변화를 완전히 하여 처음 상태로 돌아갈 때까지의 변화를 말하며 그 단위를 헤르츠[Hz]라고 한다. 1초간에 포함되는 사이클의 수를 주파수(frequency)라고 하며 f로 표시하고, 파가

1[Hz] 변화하는데 요하는 시간을 주기(period)라 하며 T로 표시한다. 또한 1주기에 교류가 전파하는 거리 라무다 (λ)를 파장이라 한다. 따라서 주기 T, 파장 λ, 주파수 f, 전공 중의 빛의 속도를 $C_0 \fallingdotseq 3\times10^8$[m/s]라 하면 이들 사이의 관계는 다음과 같다.

$$T = \frac{1}{f} = \frac{2\pi}{w}\,[\text{sec}] \tag{3-5}$$

$$\lambda = \frac{C_0}{f} = \frac{3\times10^8}{f}\,[\text{m}] \tag{3-6}$$

여기서 w는 1초간의 각의 증가를 나타내며 이것을 각속도 도는 각주파수라고 하며 그 단위는 [rad/s]이다. 1주기 T초간에 각은 2π(rad)만큼 증가하므로 1초간에는 $2\pi/T$[rad]만큼 증가한다.. 따라서

$$w = \frac{2\pi}{T} = 2\pi f\,[\text{rad/s}] \tag{3-7}$$

식 (3-7)을 식 (3-4)에 대입하면

$$\begin{aligned} v &= V_m \sin wt = V_m \sin\frac{2\pi}{T}t \\ &= V_m \sin 2\pi f t\,[\text{V}] \end{aligned} \tag{3-8}$$

이 된다. 특히 상용주파수는 60[Hz]이므로 $w = 2\pi\times60 = 377$ [rad/s]이고, $v = V_m \sin 377t$와 같이 표시한다. 이때 v를 순시값(instantenous value)이라고 하고 V_m을 최대값(maximum value) 또는 진폭(amplitude)이라 한다.

예제 3-1 $v = 100\sqrt{2}\sin 100\pi t$[V]인 파형의 주파수와 주기를 구하여라.

풀이 $100\pi t = wt$ 이므로 $w = 100\pi = 2\pi f$

$$\therefore f = \frac{100\pi}{2\pi} = 50\ [\text{Hz}],\quad T = \frac{1}{f} = \frac{1}{50} = 0.02[\text{sec}]$$

3.4 위상과 위상차

정현파전압의 순시값 $v = V_m \sin wt$는 시간이 $t=0$일 때의 크기가 0이 되는

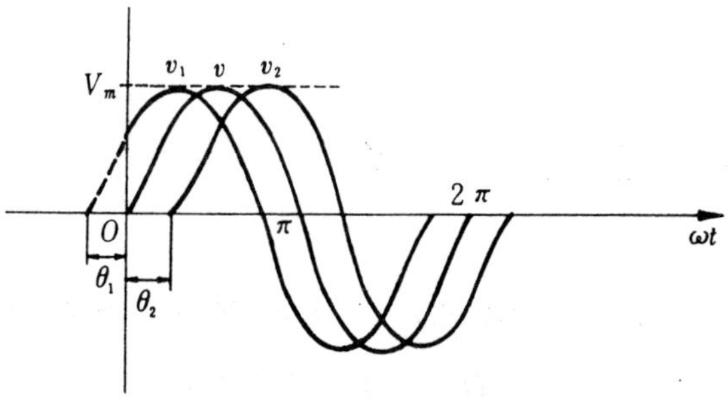

[그림 3 - 4]

식으로 표시된다. 그러나 시작점이 0에서 어떤 위상 θ의 변위를 갖는 경우를 식 (3-9)로 표시하며

$$v = V_m \sin wt$$

$$v_1 = V_{m1} \sin(wt + \theta_1) \tag{3-9}$$

$$v_2 = V_{m2} \sin(wt + \theta_2)$$

각 순시전압의 위상과 파형은 [그림 3-4]와 같다.

[그림 3-4]에서 v의 위상을 기준으로 할 때, v_1의 위상은 θ_1[rad]만큼 앞선다(lead)라 하고, v_2의 위상은 θ_2[rad]만큼 뒤진다(lag)라고 한다. 최대값과는 상관없이 2개의 정현파 교류의 위상이 일치하면 동상이라 하고, 2개의 위상이 어긋나면 위상차 또는 상차가 있다고 한다.

여기서 위상차는 반드시 동일 주파수의 정현파에 대한 것이다.

<u>예제 3-2</u> $v_1 = V_m \sin(wt + 40^\circ)$, $v_2 = V_m \cos(wt - 30^\circ)$인 두 전압의

위상차를 구하여라.

풀이 위상차를 구하기 위해서는 같은 함수이어야 하므로 v_2를 Sine함수로 바꾸면

$$v_2 = V_m \sin(wt + 90^o - 30^o) = V_m \sin(wt + 60^o)$$

따라서 v_1과 v_2의 위상차 θ는

$$\theta = \theta_1 - \theta_2 = 40^o - 60^o = -20^o$$

3.5 평균값과 실효값

정현파교류의 크기를 서로 비교할 때 순시값의 최대값만으로는 불충분하므로 그 크기를 나타내는 방법으로 평균값과 실효값 등을 사용한다.

(1) 평균값(average value)

정현파고류는 보통 정(+)파와 부(−)파가 같은 대칭파이므로 1주기에 대하여 평균하면 0이 된다. 따라서 교류의 평균값은 정(+)의 반주기에 대한 순시값의 평균을 평균값이라 하며 기호는 V_{av}및 I_{av}를 사용한다.

$$I_{av} = \frac{2}{T}\int_0^{\frac{T}{2}} idt$$

$$= \frac{2}{T}\int_0^{\frac{T}{2}} (I_m \sin wt)dt$$

$$= \frac{2}{T} \cdot \frac{I_m}{w} \left[-\cos wt\right]_0^{\frac{t}{2}}$$

$$= \frac{I_m}{\pi} [-\cos\pi + \cos 0^o] = \frac{2}{\pi} \cdot I_m$$

$$= 0.637\ I_m \qquad (3\text{-}10)$$

의 관계가 있으며 [그림 3-5]와 같다.

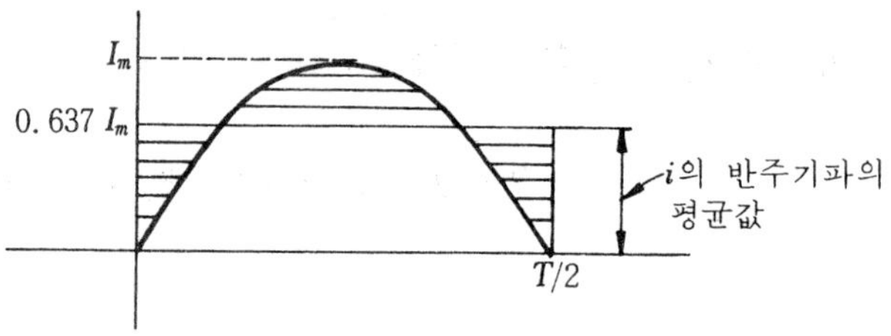

[그림 3 - 5]

(2) 실효값(effective value or root mean square)

어떤 저항에 순시값 i인 교류를 흘릴 때 교류의 평균전력이 같은 저항에 직류 I를 흘릴 때의 소비전력과 같다면 실제로 i와 I는 같은 효과를 내므로 I의 값을 교류 i의 실효값(effective value)이라 부른다.

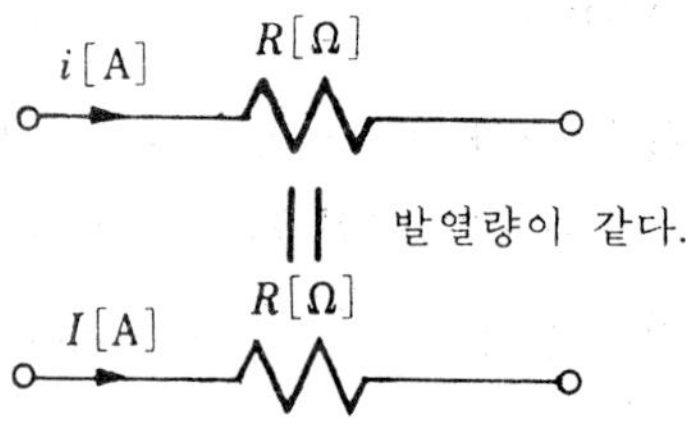

[그림 3 - 6]

[그림 3-6]과 같이 저항 R에 직류전류 I[A]를 흘렸다면 소비전력은 $P_{DC} = I^2R$[W]이 된다. 같은 저항 R에 교류전류 i[A]를 흘릴 때 1주기 (2π red) 동안의 소비전력 P_{AC}는

$$P_{AC} = \frac{1}{T}\int_0^T i^2\,dt = \frac{1}{T}\int_0^T i^2 dt \cdot R \tag{3-11}$$

이 된다. 따라서 $P_{DC} = P_{AC}$이면

$$I^2 = \frac{1}{T}\int_0^T i^2\,dt$$

$$\therefore\ I = \sqrt{i^2\text{의 평균}} = \text{교류의 실효값} \tag{3-12}$$

즉 교류의 실효값은 순시값의 제곱의 평균의 평방근(root mean square, RMS)으로 정의된다.

그러므로 전류가 $i = I_m \sin wt$[A]일 때 $wt = \theta$라 하면 전류의 실효값 I는 다음과 같다.

$$I = \sqrt{i^2\text{의 평균}} = \sqrt{\frac{1}{2\pi}\int_0^{2\pi} I_n^2 \sin^2 wt\,dt} \tag{3-13}$$

여기서 $wt = \theta$라 하면

$$I = \sqrt{\frac{1}{2\pi}\int_0^{2\pi} I_n^2 \sin^2\theta\,d\theta} = \sqrt{\frac{I_m{}^2}{2\pi}\int_0^{2\pi}\frac{1}{2}(1-\cos 2\theta)\,d\theta}$$

$$= I_n\sqrt{\frac{1}{4\pi}\left[\theta - \frac{1}{2}\sin 2\theta\right]_0^{2\pi}} = \frac{I_n}{\sqrt{2}} = 0.0707\ I_n[\mathrm{A}] \tag{3-14}$$

일반적으로 교류전압이나 전류는 바로 이 실효값으로 나타내고 있다.

[그림 3-7]에는 사인파의 최대값, 실효값, 평균값의 관계를 표시한다.

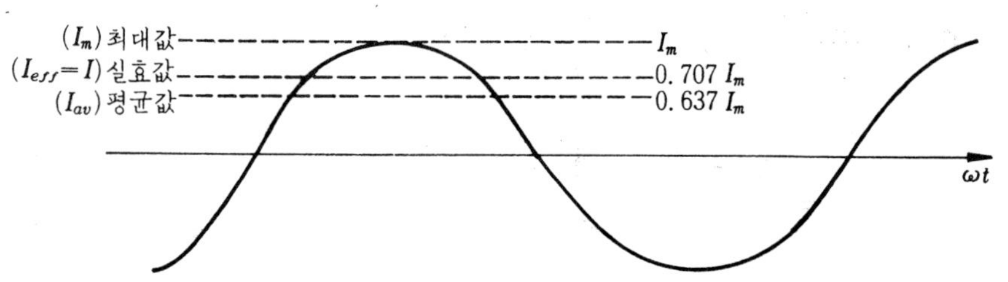

[그림 3-7]

3.6 파고율과 파형률(crest factor and form factor)

교류의 크기는 보통 실효값으로 나타내는데 실효값만으로는 파형까지는 알 수 없으므로 파형의 계략을 알기 위한 방법으로 파고율과 파형률이라는 계수를 사용한다.

$$\text{파고율} = \frac{\text{최대값}}{\text{실효값}}$$

$$\text{파형률} = \frac{\text{실효값}}{\text{평균값}} \qquad (3\text{-}15)$$

특히 정현파의 파고율과 파형률을 표시하면

$$\text{파고율} = \frac{V_m}{\frac{V_m}{\sqrt{2}}} = \sqrt{2} = 1.414$$

$$\text{파형률} = \frac{\frac{V_m}{\sqrt{2}}}{\frac{2V_m}{\pi}} = \frac{\pi}{2\sqrt{2}} = 1.111$$

이 되지만 비정현파교류에서는 그 값이 다르다. 각종 파형의 파고율과 파형률을 비교하면 <표 3-1>과 같다.

<표 3-1>

명 칭	파 형	파고율	파형률	실효값
구형파	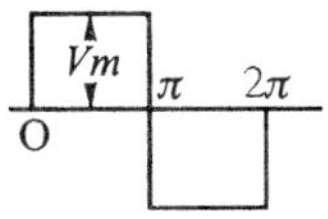	1.0	1.0	V_m
정현파	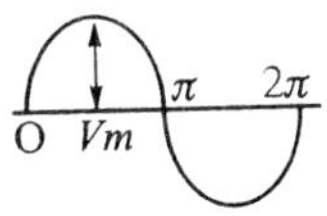	1.414	1.11	$\frac{V_m}{\sqrt{2}}=0.707\ V_m$
삼각파	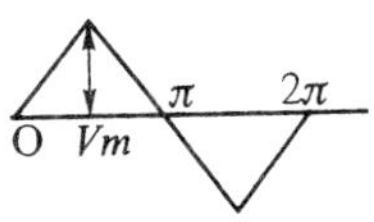	1.732	1.555	$\frac{V_m}{\sqrt{3}}=0.577\ V_m$
반파정류	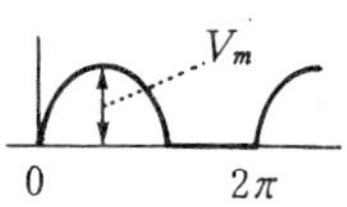	2	1.57	$\frac{V_m}{\sqrt{2}}=0.5\ V_m$

제 4 장

기초 전자기학

4.1 쿨롱의 법칙(Coulomb's law)

1785년 프랑스의 육군 기술자였던 쿨롱(Charles A · de Coulomb) 대령은 비틀림 저울을 사용한 실험을 거듭하여 2개의 전하(대전체) 사이에 작용하는 힘을 정량적으로 측정하는데 성공하였고, 다음과 같은 결론을 발표하였다.

① 두 전하 사이에 작용하는 힘은 두 전하의 곱에 비례하고 두 전하 사이의 직선거리의 제곱에 반비례한다. $\left(F \infty \frac{Q_1\ Q_2}{r^2}\right)$

② 두 전하 사이에 작용하는 힘의 방향은 두 전하를 연결하는 직선 상에 있으며 두 전하가 같은 종류이면 반발력이 작용하고 다른 종류이면 흡인력이 작용한다.

③ 두 전하 사이에 작용하는 힘은 두 전하가 존재하는 주위의 매질에 따라 다르다. $\left(F \infty \frac{1}{4\pi\varepsilon_o}\right)$

이상의 결론을 M.K.S.A 유리화(합리화)단위계로 표현하면 다음과 같다.

$$F=\frac{1}{4\pi\varepsilon_o}\frac{Q_1 Q_2}{r^2}\doteqdot 9\times 10^9\frac{Q_1 Q_2}{r^2}[N] \qquad (4\text{-}1)$$

여기서 Q_1과 Q_2는 각각 두 전하의 전하량[C], r은 두 전하 사이의 직선거리 [m]이며 ε_o는 진공의 유전율이고 $[N]$은 Newton이라는 전기력의 단위이다.

예제 4-1 두 점전하가 각각 1[C]이고 떨어져있는 직선거리가 1[m]일 때 두 전하 사이에 작용하는 힘을 구하시오.

풀이 식 (4-1)에서 $Q_1= Q_2=1[C]$, 거리 $r=1$[m]이므로 힘은

$$F=\frac{1}{4\pi\varepsilon_o}\frac{1\times 1}{1^2}=9\times 10^9[N].$$

M. K. S. A 유리화단위계에서는 전하량을 정의할 때 진공 중에 서로 같은 두 점전하를 1〔m〕거리에 놓았을 때 작용하는 힘이 $\frac{C^2}{10^7}$ (C:광속)이 되는 전하를 1〔C〕이라 하기로 약속하였다. 이에 의해서 〔예제 4-1〕에서처럼 $\frac{1}{4\pi\varepsilon_o}=\frac{C^2}{10^7}=9\times 10^9$이 되는 것이다.

식 (4-1)은 쿨롱 대령이 실험을 거듭하여 만들어낸 실험식이며 이 힘을 쿨롱의 힘이라 한다. 이 힘은 마치 태양 주위를 공전하고 있는 지구가 원심력에 의해 튀어 나가지 않는 만유인력과 같은 것으로 전자가 원자핵으로부터 튀어나가지 않도록 잡아두는 근본적인 힘인 것이다.

제 4 장

기초 전자기학

4.1 쿨롱의 법칙(Coulomb's law)

1785년 프랑스의 육군 기술자였던 쿨롱(Charles A · de Coulomb) 대령은 비틀림 저울을 사용한 실험을 거듭하여 2개의 전하(대전체) 사이에 작용하는 힘을 정량적으로 측정하는데 성공하였고, 다음과 같은 결론을 발표하였다.

① 두 전하 사이에 작용하는 힘은 두 전하의 곱에 비례하고 두 전하 사이의 직선거리의 제곱에 반비례한다. $\left(F \propto \dfrac{Q_1 \ Q_2}{r^2}\right)$

② 두 전하 사이에 작용하는 힘의 방향은 두 전하를 연결하는 직선 상에 있으며 두 전하가 같은 종류이면 반발력이 작용하고 다른 종류이면 흡인력이 작용한다.

③ 두 전하 사이에 작용하는 힘은 두 전하가 존재하는 주위의 매질에 따라 다르다. $\left(F \propto \dfrac{1}{4\pi \varepsilon_o}\right)$

이상의 결론을 M.K.S.A 유리화(합리화)단위계로 표현하면 다음과 같다.

$$F = \frac{1}{4\pi\varepsilon_o}\frac{Q_1 Q_2}{r^2} \fallingdotseq 9\times 10^9 \frac{Q_1 Q_2}{r^2}[N] \qquad (4\text{-}1)$$

여기서 Q_1과 Q_2는 각각 두 전하의 전하량[C], r은 두 전하 사이의 직선거리 [m]이며 ε_o는 진공의 유전율이고 $[N]$은 Newton이라는 전기력의 단위이다.

예제 4-1 두 점전하가 각각 1[C]이고 떨어져있는 직선거리가 1[m]일 때 두 전하 사이에 작용하는 힘을 구하시오.

풀이 식 (4-1)에서 $Q_1 = Q_2 = 1[C]$, 거리 $r = 1$[m]이므로 힘은

$$F = \frac{1}{4\pi\varepsilon_o}\frac{1\times 1}{1^2} = 9\times 10^9[N].$$

M. K. S. A 유리화단위계에서는 전하량을 정의할 때 진공 중에 서로 같은 두 점전하를 1〔m〕거리에 놓았을 때 작용하는 힘이 $\frac{C^2}{10^7}$ (C : 광속)이 되는 전하를 1〔C〕이라 하기로 약속하였다. 이에 의해서 〔예제 4-1〕에서처럼 $\frac{1}{4\pi\varepsilon_o} = \frac{C^2}{10^7} = 9\times 10^9$이 되는 것이다.

식 (4-1)은 쿨롱 대령이 실험을 거듭하여 만들어낸 실험식이며 이 힘을 쿨롱의 힘이라 한다. 이 힘은 마치 태양 주위를 공전하고 있는 지구가 원심력에 의해 튀어 나가지 않는 만유인력과 같은 것으로 전자가 원자핵으로부터 튀어나가지 않도록 잡아두는 근본적인 힘인 것이다.

4.2 전계(電界)

대전체 주위에 전하를 놓으면 그 전하에 힘이 작용하는데 힘이 작용하는 공간을 그 대전체에 의한 전계(electric field) 또는 전장(電場)이라 한다. 그리고 전계 내의 어느 한 점에 단위정전하인 +1[C]을 놓았을 때 이에 작용하는 힘을 그 점에서의 전계의 세기라고 한다. 다만 단위 정전하에 의해서 본래의 전계에 변화가 일어나면 전계의 결정이 무의미하여지므로 전계에 전혀 영향을 주지 않는 미소 전하가 필요한데 이런 전하를 가상하여 검전하(test charge)라 한다.

E를 전계의 세기, ΔQ[C]를 검전하, ΔF[N]를 ΔQ에 작용하는 힘이라고 하면 다음 식과 같이 전계의 세기를 정의할 수 있다.

$$E = \lim_{\Delta Q \to 0} \frac{\Delta F}{\Delta Q} [N/C] \tag{4-2}$$

즉, 단위 정전하에 작용하는 힘 자체가 아니고 미소 검전하에 작용하는 힘을 단위 전하 당으로 환산한 값이 된다. 이 식은 쿨롱의 힘을 전하량으로 나눈 것과 같은 결과가 되므로 다음과 같은 식으로 표현할 수 있다.

$$E = \frac{F}{Q} = \frac{1}{4\pi \varepsilon_o} \frac{Q}{r^2} [N/C] \tag{4-3}$$

예제 4-2 진공 중의 어느 한 점에 Q[C]의 전하가 있을 때 이 점으로부터 r[m] 떨어져있는 곳인 점 P의 전계의 세기를 구하시오

풀이 전계의 세기를 정의한 것으로부터 점 P의 전계의 세기는 점 P에 있는 단위 정전하가 받는 힘이 될 것이므로 쿨롱의 법칙에서 $Q_1 = Q$, $Q_2 = 1$일 때의 힘 F가 전계의 세기 E가 될 것이므로

$$E = F = \frac{1}{4\pi \varepsilon_o} \frac{Q \times 1}{r^2} = \frac{1}{4\pi \varepsilon_o} \frac{Q}{r^2} [V/m].$$

전계의 세기 단위는 앞에서 밝혔듯이 〔N/C〕이지만 실용적으로는 〔V/m〕를 사용한다.

4.3 전위(電位)

전위라 함은 전기의 위치라고 할 수 있는 것으로 일반적으로 물의 높낮이인 수위(水位)를 생각하면 이해가 쉽다. [그림 4-1]에 전위와 수위를 비교해 놓았다.

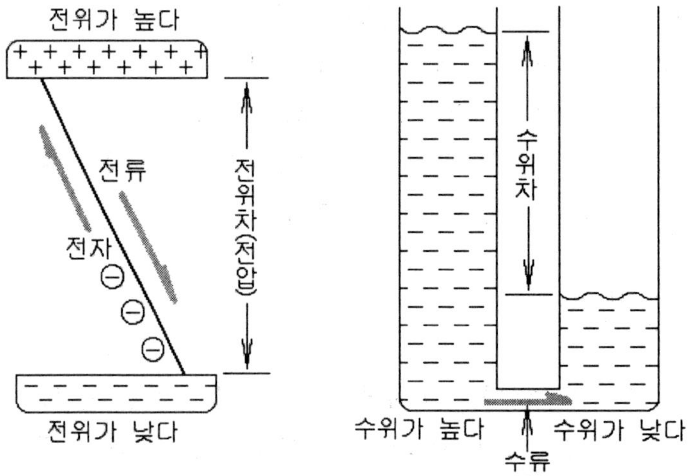

[그림 4 - 1] 전위와 수위

물은 수위가 높은 곳에서 낮은 곳으로 흐르면서 외부의 일을 하기도 한다.

예를 들어 물레방아를 돌린다든지 발전을 한다든지 하는 것들이다. 반대로 물을 낮은 곳에서 높은 곳으로 운반하려면 외부에서 에너지를 가해서 일을 해야 가능하다. 이처럼 위치의 높낮이라는 것이 일과 관계가 있다. 전위도 일과 관련이 있으므로 다음과 같이 설명할 수 있다.

전계 내에 전하를 놓으면 전기력(쿨롱의 힘)을 받는데 이 힘에 의해서 전하가 어느 거리 만큼 옮겨졌다면 전계가 전하에 대하여 일을 하였다고 한다.

[그림 4-2]와 같이 전계 E에서 전하 q[C]을 점 A에서 점 B까지 운반하는데 요하는 일을 구할 때 이를 식으로 나타내면 다음과 같다.

$$dW = -\boldsymbol{F}_e \cdot d\boldsymbol{l} = -F\cos\theta dl[J] \tag{4-4}$$

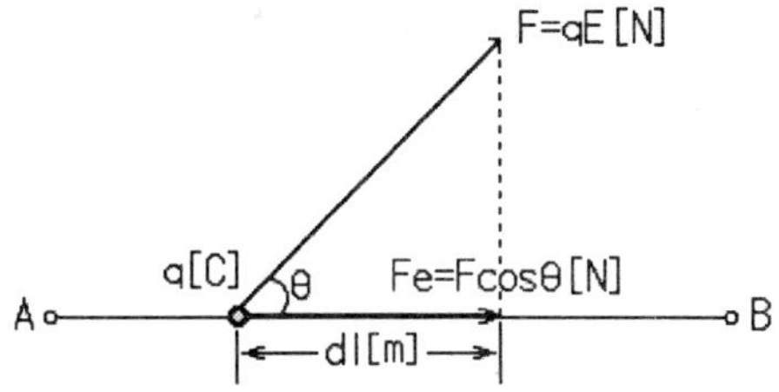

[그림 4 - 2] 전하를 운반할 때 일

여기서 -(負)부호는 전하 q[C]을 전계와 반대방향으로 운반한 일임을 의미한다. 따라서 전하를 점 A에서 점 B까지 운반하는데 요하는 일을 W_{BA}라 하면 다음 식과 같이 표현된다.

$$W_{BA} = -\int_A^B \boldsymbol{F}_e \cdot d\boldsymbol{l} = -\int_A^B F\cos\theta dl\,[J] \quad (4\text{-}5)$$

또한 F = qE의 관계에 의해서 다음 식과 같이된다.

$$W_{BA} = -q\int_A^B \boldsymbol{E} \cdot d\boldsymbol{l} = -q\int_A^B E\cos\theta dl\,[J] \quad (4\text{-}6)$$

특히 단위전하(1[C])를 점 A에서 점 B까지 운반하는데 요하는 일을 두 점 A, B 간의 전위차(electric potential difference)라고 한다. 이를 V_{BA}로 표시하면 다음 식과 같다.

$$V_{BA} = -\int_A^B \boldsymbol{E} \cdot d\boldsymbol{l} = -\int_A^B E\cos\theta dl\,[V] \quad (4\text{-}7)$$

일반적으로 전계의 작용이 미치지 않는 무한원점을 기준점으로 하여 이것과 점 P 사이의 전위차를 점 P의 전위라고 정의하며 다음 식과 같다.

$$V_P = -\int_\infty^P \boldsymbol{E} \cdot d\boldsymbol{l} = -\int_\infty^P E\cos\theta dl\,[V] \quad (4\text{-}8)$$

여기서 전위 및 전위차의 단위를 볼트(volt)라 하며, 1[C]의 전하를 운반하는데 요하는 일이 1[J]일 때의 전위차를 1[V]라고 한다. 전위의 기준 점은 무한원점을 0[V]로 하고 있으나 실용상으로는 대지의 전위를 0[V]로 하여 이것을 기준으로 하고 있다.

예제 4-3 [그림 4-3]과 같이 점전하 Q[C]에서 r[m] 떨어져있는 점의 전위를 구하시오.

풀이 식 (4-7)에서 $A=\infty$, $B=r$ 인 경우이므로 구하고자 하는 전위는

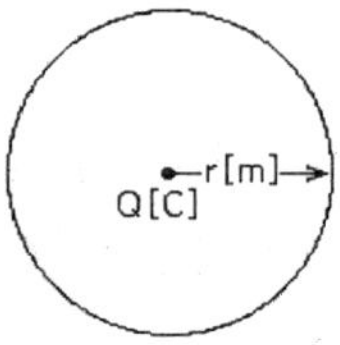

[그림 4 - 3]

$$\begin{aligned}V_{r\infty} &= -\int_{\infty}^{r} \boldsymbol{E}\cdot d\boldsymbol{l} = -\int_{\infty}^{r} E\cos\theta dl \\ &= \frac{Q}{4\pi\varepsilon_o}\int_{\infty}^{r}\frac{1}{r^2}dr = \frac{Q}{4\pi\varepsilon_o}\left(\frac{1}{r}-\frac{1}{\infty}\right) \\ &= \frac{1}{4\pi\varepsilon_o}\frac{Q}{r} = 9\times 10^9\frac{Q}{r}[V].\end{aligned}$$

4.4 자석(磁石)

인간이 인위적으로 만들지 않은 자석의 성질을 가지고 자연계에 존재하는 것이 자철광(magnetite : Fe_2O_3)이다. 고대 희랍인들은 이 자철광이 금속을 잡아당기는 것이 자철광 속에 혼령이 깃들어 있기 때문이라고 믿었지만 중국인들은 그렇지 않았다. 중국인들은 적어도 4000년~5000년 전부터 자철광에 대한 지식을 갖고 있었다고 생각되며, 3000년 전쯤에는 나침반을 만들어 사용했음을 기록에서 찾아볼 수 있다. 그럼에도 불구하고 항해술이 유럽에 비해서 뒤떨어진 것은 유럽의 여러 나라는 다양한 민족과 여러 국가가 바다에 접해있는 좁은 땅덩어리에서 경쟁하면서 살아야 했으므로 바다를 건너 더 큰 땅을 확보해야만 했으나, 상대적으로 넓은 중

국대륙에서는 바다 건너를 개척할 필요를 느끼지 못했기 때문인 것으로 생각된다.

하여튼 자철광에서 만든 천연자석에서는 느끼지 못하고 지나쳤으나 1819년 에르스텟(Oersted)은 전류가 흐르는 도선 가까이 놓여진 자침이 전류에 의해서 움직인다는 사실로부터 전류주위에 자계(磁界 : magnetic field)가 발생한다는 것을 발견하였다. 그후 암페어(Ampere) 등에 의해서 많은 실험이 행해진 결과 電氣와 磁氣(자석의 기운)는 상호 밀접한 관련을 갖고 있음이 명백하게 밝혀짐으로써 자기 발생의 근원이 전류임을 알게 되었다.

4.4.1 자기현상(磁氣現狀)

어느 물체가 쇠붙이를 끌어당기며 남북을 가리키는 성질을 갖고있을 때 이 금속은 자기(磁氣 : magnetism)를 가지고 있다고 하며, 그 물체를 자석(magnet)이라고 한다. 철, 니켈, 코발트 등의 금속에는 인공적으로 자기를 줄 수 있다. 물체를 자계 내에 놓으면 그 물체의 양끝에 자극이 생기는데 이와 같이 물체를 자기를 가진 상태로 만드는 것을 자화(磁化 : magnetization)라 하고, 이 현상을 자기유도(磁氣誘導 : magnetic induction)라 한다. 또, 자화될 수 있는 물질을 자성체(磁性體 : magnetic substance), 자화되지 않는 물질을 비자성체(非磁性體 : non-magnetic substance)라 한다. 자성체 중에서도 [그림 4-15](A)와 같이 자화하는 물체를 상자성체(常磁性體 : paramagnetic substance), (B)와 같이 자화하는 물체를 역자성체(逆磁性體 : diamagnetic substance)라 한다.

(A) 상자성체 (B) 역자성체

[그림 4-4] 자기유도

상자성체 중에서 특히 철, 니켈, 코발트 등은 자화되는 정도가 커서 강한 자극이 나타나므로 강자성체(ferromagnetic substance) 및 페리 자성체(ferrimagnetic substance)

라 하며, 이것들은 전기기기 및 전자(電磁)기기의 자성재료로 이용한다.
<표 4-1>에 각종 자성체에 속하는 물질들을 들어보았다.

<표 4-1> 자성체별 물질의 예

자 성 체	물 질
상자성체	Al, Mn, Pt, W, Sn, O_2, N_2 등
역자성체	Bi, C, Ag, Pb, Zn, Cu, S, Ge, He, H_2 등
강자성체	Fe, Ni, Co 및 그 합금
ferri자성체	ferrite(FeO, Fe_2O_3, $NiFe_2O_4$ 등), Ni-Zn ferrite 등

자석 사이에 작용하는 힘을 양(量)적으로 취급하는데는 정전기에서와 같은 쿨롱의 법칙모양을 그대로 이용한다. 그런데 자석은 N극과 S극을 분리할 수 없으므로 힘을 측정하기 위한 자석은 한 자석의 두 자극이 서로 영향을 미치지 않을 정도로 매우 가늘고 길다고 가정하여 계산하며, 이때의 N극과 S극을 점자극(point magnetic pole)이라 한다.

지금 두 점자극의 세기를 각각 m_1, m_2, NS극간의 거리를 r 이라 하면 두 점자극 사이에 작용하는 힘 F는 $F=k\frac{m_1 \cdot m_2}{r^2}$ 의 식으로 주어지며 힘의 방향은 NS극을 연결하는 직선 상에 있다. 이 관계를 **자기에 관한 쿨롱의 법칙**이라 한다. 이 관계로부터 M.K.S. 유리화 단위계에서의 자극의 세기단위가 정의되는데 즉, 진공 중에 같은 세기의 두 점자극을 1[m] 떨어뜨려 놓았을 때 두 자극 사이에 작용하는 힘이 6.33×10^4[N]이 되는 자극의 세기를 1[Wb : weber]라 하기로 하였다. 그러므로 위 식의 $k=6.33\times10^4$이 되어 자기에 관한 쿨롱의 법칙은 다음과 같이 표현된다.

$$F=6.33\times 10^4\frac{m_1 \cdot m_2}{r^2}[N] \tag{4-9}$$

이 식에서 각각의 단위를 살펴보면 m_1, m_2는 [Wb], r은 [m]이다. 그런데 (4-9)식을 정전계에 관한 쿨롱의 법칙과 동일한 모양으로 하기 위해서 $6.33\times 10^4=$

$\frac{1}{4\pi\mu_o}$로 놓는다. 여기서 μ_o는 **진공의 투자율**(공기의 투자율과 거의 같음)로 μ_o에 대해서 식을 정리하면 그 값은 다음과 같다.

$$\mu_o = \frac{1}{4\pi \times 6.33 \times 10^4} = 4\pi \times 10^{-7}[H/m].$$

위와 같은 관계를 정리하면 자기에 관한 쿨롱의 법칙은 다음과 같이 된다.

$$F = \frac{1}{4\pi\mu_o}\frac{m_1 \cdot m_2}{r^2} = 6.33 \times 10^4 \frac{m_1 \cdot m_2}{r^2}[N] \qquad (4\text{-}10)$$

예제 4-4 공기 중에 있는 1.6×10^{-4}[Wb]와 2×10^{-3}[Wb]의 두 자극 사이에 작용하는 힘이 12.66[N]이라면 두 자극 사이의 거리를 구하시오.

풀이 식 (4-10)에서 $F=12.66$, $m_1=1.6\times10^{-4}$ 및 $m_2=2\times10^{-3}$을 대입하면

$$r^2 = \frac{6.33\times10^4\, m_1 \cdot m_2}{F} = \frac{6.33\times10^4\times1.6\times10^{-4}\times2\times10^{-3}}{12.66}$$

$$= 1.6\times10^{-3}[m]$$

$$\therefore r = 0.04[m] = 4[Cm].$$

4.4.2 자계(磁界 : Magnetic field)

자석 주위에 쇠붙이를 놓으면 자석으로부터 힘을 받는데 이와 같이 자석의 힘이 작용하는 공간을 자석에 의한 자계나 자장(磁場) 혹은 정자계(static magnetic field)라 하며, 정전계에서 전계를 정의한 것과 같이 자계 중의 어느 한 점에 단위 正자극(1[Wb]의 N극)을 놓았을 때 이 자극에 작용하는 힘의 크기와 방향을 그 점에 대한 자계의 세기(intensity of magnetic field) 또는 자기력(lines of magnetic force)이라 하며 일반적으로 H의 기호로 표시한다.

그러므로 자계의 세기와 자석의 힘 사이에는 다음과 같은 관계가 성립한다.

$$\boldsymbol{F} = m\boldsymbol{H}[N], \quad \therefore \boldsymbol{H} = \frac{\boldsymbol{F}}{m}[N/Wb]$$

$$H = \frac{1}{4\pi\mu_o}\frac{m}{r^2}[N/Wb][A/m][AT/m] \qquad (4\text{-}11)$$

자계의 세기 단위는 본래 〔N/Wb〕이지만 전계의 세기와 마찬가지로 실용적으로는 〔A/m〕 혹은 〔AT/m〕를 사용한다.

4.4.3 자화(磁化)

자석을 자르면 그 자른 면에 새로운 자극이 나타나 여러 개의 자석이 된다. 그러므로 자석을 계속 잘라서 세분(細分)하면 그 하나 하나가 미소한 아주 작은 자석이 되는데 이것을 분자자석이라 하며, 전체 자석은 이 분자자석이 규칙적으로 배열하여 이루어졌다고 본다. 그리고 자석의 기운은 이 분자자석을 이루고 있는 분자를 구성하고 있는 원자의 핵 주위를 돌고있는 전자의 자전운동(spin)이 주원인이라고 알고 있다.

자성체가 자화되기 전에는 [그림 4-5]의 (A)처럼 자성체를 구성하고 있는 분자자석들 ([그림 4-5]에서는 화살표로 표현했으나 화살표 주위의 영역을 생각하여 자구(磁區)라고 표현하기도 한다.)이 제멋대로 방향성 없이 무질서하게 놓여있어 분자자석들의 자기적 성질이 서로 상쇄되기 때문에 자성체 외부로 자기적 성질이 표출되지 않지만, [그림 4-5]의 (B)처럼 분자자석들이 외부자석에 의한 자계의 영향을 받아 한 방향으로 질서정연하게 배열하면 그 질서가 유지될 때까지는 자석이 되어 자성을 띠게 되는 것이다.

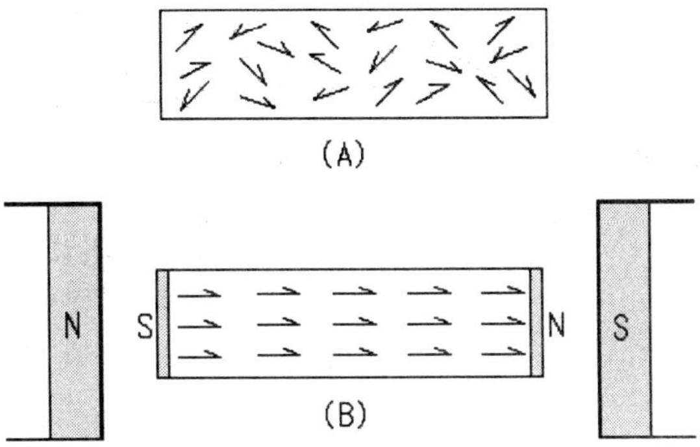

[그림 4 - 5] 자화

4.5 전류의 자기현상

앞에서도 언급했듯이 전류가 자계를 만드는 현상은 1819년 에르스텟에 의하여 최초로 발견된 후 자기 발생의 근원이 전류임을 알게 되었다.

즉, 무한히 긴 직선 전류에 의하여 전류 주위에 생기는 자계는 다음과 같은 성질이 있다.

① 자계의 크기(세기)는 전류의 세기에 비례한다.
② 자계의 세기는 전류로부터의 거리에 반비례한다.
③ 자계의 방향은 도선을 포함하는 평면에 직각이며 암페어의 오른손법칙(오른나사 법칙)에 따른다.

전류가 흐르는 방향에 의한 자계의 방향을 찾아내는데는 암페어의 오른손 법칙이나 오른나사 법칙을 사용하는데 다음과 같이 설명할 수 있다. 즉, [그림 4-6]처럼 표현할 수 있다.

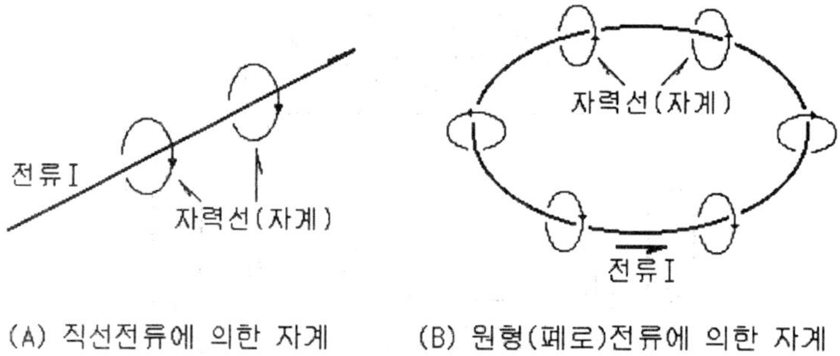

[그림 4-6] 전류에 의한 자계의 발생

암페어의 오른손 법칙 : 오른손을 가볍게 말아 쥐고 엄지손가락을 세웠을 때 엄지손가락 방향으로 전류가 흐르면 나머지 4개의 손가락이 도는 방향으로 자계가 생기며, 반대로 4개의 손가락 방향으로 전류가 흐르면 엄지손가락 방향으로 자계가 발생한다.

오른나사 법칙 : 전류가 오른나사의 진행방향으로 흐르면 자계는 그 나사의 회전 방향으로 발생하고, 전류가 나사의 회전방향으로 흐르면 그 진행방향으로 생긴다.

자계의 단위는 식 (4-11)처럼 실용적으로 [암페어 회수]를 길이의 단위인 [m]로 나눈 것을 사용하므로 [Ampere Turns/meter] = [AT/m]로 표시한다. 따라서 이 자계의 단위로부터 자극의 세기단위를 정의할 수도 있다. 즉, 1[AT/m]의 자계 중에 놓인 자극에 1[N]의 힘이 작용하면 이 자극의 세기는 1[Wb]이다.

예제 4-5 [그림 4-7]과 같은 무한히 긴 직선전류 I[A]로부터 r[m] 떨어진 점의 자계를 구하시오.

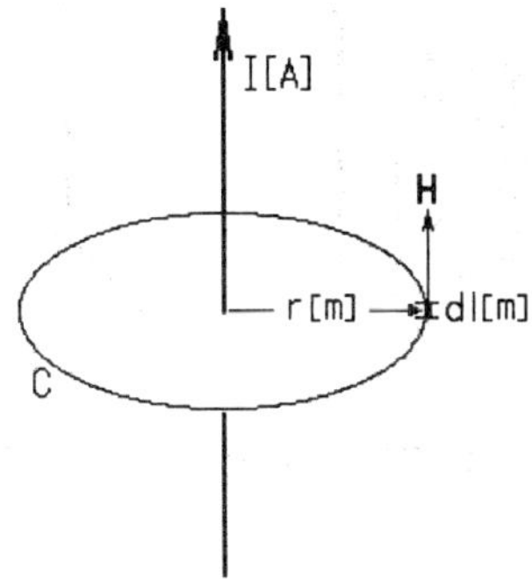

[그림 4 - 7] 직선전류에 의한 자계

풀이 직선전류를 축으로 하는 반지름 r[m]의 원을 적분경로 C로 취하면 축 대칭에 의하여 원주상의 모든 자계는 크기가 같고 오른나사의 방향을 가지므로

$$\oint_c \boldsymbol{H} \cdot d\boldsymbol{l} = \oint_c Hdl\cos\theta = H2\pi r \quad (\because \cos\theta = 1)$$

이며 적분로 C와 쇄교하는 전류는 I[A]이므로

$$H2\pi r = I$$

$$\therefore H = \frac{I}{2\pi r}[AT/m] \qquad (4\text{-}12)$$

4.6 자계 중의 전류에 작용하는 힘

공간 중에 자극 N, S를 놓으면 N극으로부터 S극으로 향하는 자력선이 생긴다. 자력선의 방향은 자계의 방향과 같고 그 밀도는 그 점에서의 자계의 세기와 같으며, 그 다발(묶음)을 자속(磁束)이라 한다. 자속은 자극의 크기와 같은 양이며 단위 또한 자극과 같은 [Wb]를 사용한다. 이의 밀도를 자속밀도라고 하며 기호 **B**로 표시한다.

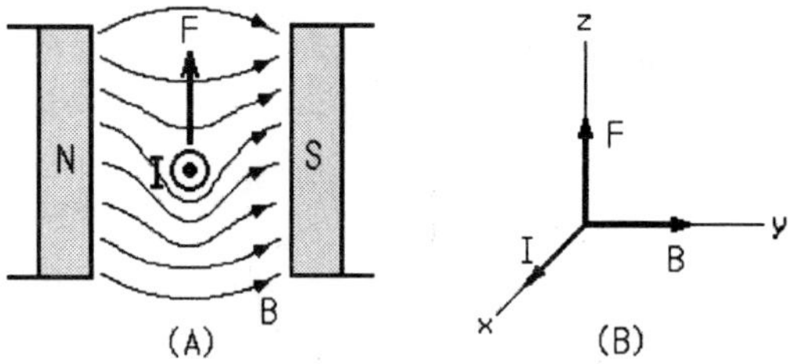

[그림 4-8] 자계내의 전류에 작용하는 힘

[그림 4-8] (A)와 같이 자계내에 지면과 수직인 방향으로 전류 I[A]가 흐르는 도체를 넣으면 이 전류 때문에 도체 주위에 좌회전의 자계가 생긴다. 그러므로 자석에 의한 자계와 전류에 의한 자계의 합성 자력선은 그림에서와 같이 도체의 위쪽에서는 그 밀도가 적어지고(疎하게 되고), 아래쪽에서는 많아져서(密하게 돼서) 도체는 위로 향하는 힘을 받는다.

이때 힘의 크기는 전류 I[A], 자력선과 만나는 도체의 길이 l [m], 자속밀도 B [Wb/m^2]에 비례하며 전류방향과 자계 방향이 만나는 각도를 θ 라 하면 다음과 같은 식으로 표현된다.

$$F = IBl \sin\theta [N] \qquad (4\text{-}13)$$

만약 전류와 자계의 방향이 직각일 때는 (4-13) 식의 $\sin\theta = \sin 90^\circ = 1$이 되어 F = IB$l$ 이 된다.

이것을 x, y, z 좌표축의 직각좌표계를 사용하여 나타내면 [그림 4-8] (B)와 같이 된다. 힘 **F**의 방향은 벡터 **B**와 **I**로 이루어지는 평면에 직각이며, 벡터 **I**에서 **B** 방향으로 오른나사를 돌렸을 때 오른나사의 진행방향과 같아진다. 이를 오른나사 법칙이라 한다.

이것을 운동하고 있는 전하로 나타내면 다음과 같이 된다. 지금 도체내의 총 전하 q[C]이 속도 v[m/s]로 이동할 때 전류밀도 i[A/m^2]는 n을 전자의 개수, e를 전자 1개의 전기량이라 할 때

$$i = nev [A/m^2]$$

이고, 도체의 단면적을 S[m^2], 길이를 l [m]라 하면 도체에 흐르는 전류는

$$I = iS = nevS[A]$$

이며 도체 전체의 전기량은 $Il = iSl = nevSl$ 이 된다.

한편, 체적 Sl 중의 전하 q는 다음과 같다.

$$q = neSl \tag{4-14}$$

또한

$$Il = qv \tag{4-15}$$

그러므로 식(4-13)은 다음과 같이 표시할 수 있다.

$$F = qvB\sin\theta[N] \tag{4-16}$$

만약, 속도 v와 자속밀도 B의 방향이 서로 수직인 경우에는 $F = qvB$가 되며, 방향이 일치하면 전하는 전혀 힘을 받지 않는다.

이상의 관계를 간단하게 나타내는 방법으로 [그림 4-9]와 같이 왼손의 가운데 손가락과 둘째손가락, 그리고 엄지손가락을 서로 직각으로 구부리고 둘째손가락을 자계(B)의 방향으로, 가운데 손가락을 전류(I)의 방향으로 하면 엄지는 힘(F)의 방향을 나타내게 된다. 이것을 플레밍의 왼손법칙(Fleming's left hand rule)이라 한다.

자계 내에서 전류가 흐르는 도체가 받는 힘을 전자력(電磁力 : electro magnetic force : e.m.f)이라 하는데 이는 전동기나 전기기계와 같이 전기로부터 기계적 힘을 발생시키는데 이용한다. 즉, 전기에너지를 기계에너지로 변환하는데 이용하는 중요한 기본원리이다.

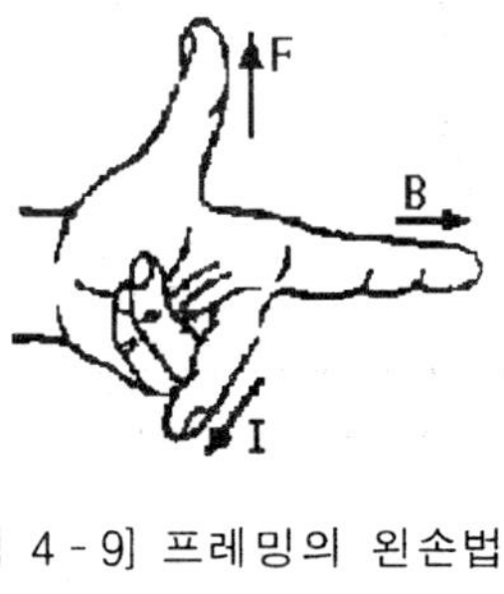

[그림 4 - 9] 프레밍의 왼손법칙

예제 4-6 자속밀도 0.4[Wb/m^2]의 평등자계 내에 3[A]의 전류가 흐르는 길이 50[Cm]의 직선 도체를 자계의 방향에 대하여 30° 의 각을 이루도록 놓았을 때 이 도체에 작용하는 힘을 구하시오.

풀이 식 (4-13)의 $F = IBl\sin\theta[N]$에

$$B = 0.4[Wb/m^2],\quad I = 3[A],\quad l = 0.5[m],\quad \theta = 30^\circ$$

를 대입하면

$$F = IBl\sin\theta = 3\times0.4\times0.5\times0.5 = 0.3[N].$$

4.7 전자력과 일

[그림 4-10]과 같이 지면의 표면으로부터 속으로 들어가는 방향의 자속밀도가 B[Wb/m^2]되는 균일한 자계 내에 길이 l[m]인 도체를 자계의 방향과 직각으로 놓고 전류 I[A]를 흘리면 이 도체는 화살표 방향으로 힘 F[N]을 받으며 힘의 크기는 식 (4-13)에 의하여 다음과 같이 된다.

$$F = IBl[N] \tag{4-17}$$

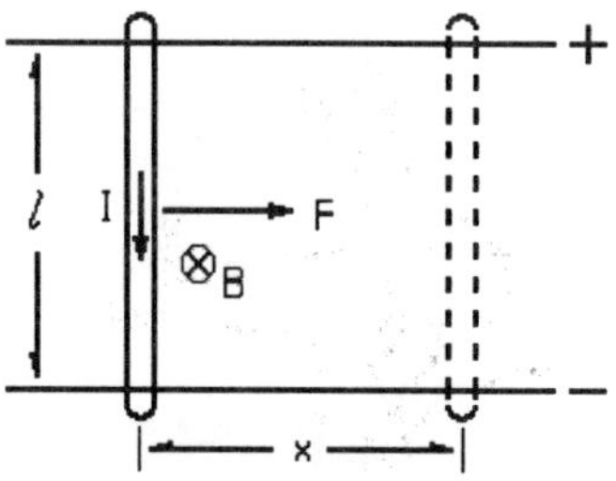

[그림 4 - 10] 전자력에 의한 일

이 힘을 받아서 도체가 x[m] 만큼을 움직였다고 하면 이때 전자력이 도체에 행한 일을 W라고 하면 다음과 같은 식(4-18)로 표현된다.

$$W = Fx = IBlx\,[J] \tag{4-18}$$

식(4-18) 중에서 lx는 도체가 x[m] 만큼 움직임으로써 만들어진 면적을 나타내는 것이므로 이 면적에 자속밀도 B를 곱한 Blx는 이 면적에 포함된 자속 ϕ를 나타내는 것으로 다음 식이 된다.

$$\phi = Blx\,[Wb] \tag{4-19}$$

식(4-19)는 도체가 x[m] 만큼 이동하면서 만난(끊은) 자속수와 같다고 생각할 수 있다. 이제 식(4-19)를 이용하여 식(4-18)을 다시 쓰면 다음과 같다.

$$W = Fx = IBlx = I\phi\,[J] \tag{4-20}$$

그러므로 전자력이 한 일은 도체에 흐르는 전류와 도체가 끊은 자속수와의 곱으로 표시된다.

도체가 x[m] 만큼 움직이는데 걸린 시간을 t[s]라 하면 전자력이 단위시간에 한 일, 즉 기계적 동력(mechanical power) P는 다음 식과 같다.

$$P = \frac{W}{t} = I\frac{\phi}{t}\,[W] \tag{4-21}$$

여기에 식(4-18)을 적용하면 다음과 같은 식이 된다.

$$P = F \cdot \frac{x}{t} = Fv = IlBv\,[W] \tag{4-22}$$

식 (4-22)는 자계 내에 있는 전류가 흐르는 도체가 전자력에 의하여 운동할 때 발생하는 기계적 동력을 나타내며, 전동기의 기본원리가 되는 식이다.

4.8 전자력에 관계되는 효과

(1) 핀치효과(Pinch effect)

[그림 4-11]과 같은 단면을 갖는 액상도체에 전류를 흘리면 전류의 방향과 수직방향으로 원형 자계가 생기고 그로 인해서 도체를 이루고있는 액체에는 중심 쪽으로 작용하는 전자력(求心的 電磁力)이 생긴다.

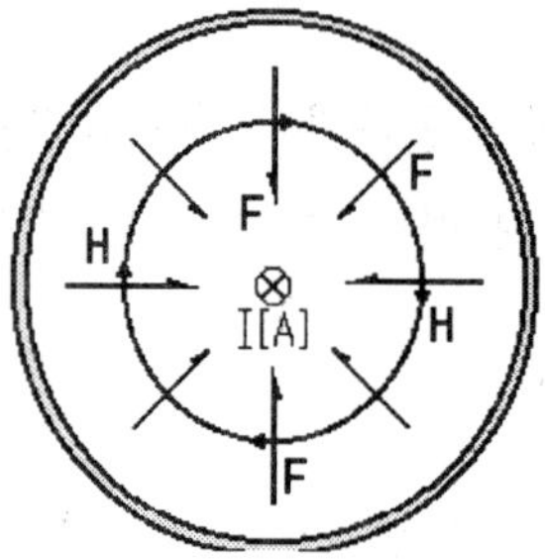

[그림 4 - 11] 핀치효과

그 결과 액체단면은 수축하게 되고 따라서 저항이 커져 전류의 흐름이 약해진다. 전류의 흐름이 약해지면 자계 H가 약해지고 따라서 자속밀도 B의 값도 작아진다. 그렇게 되면 전자력이 약해지면서 수축력도 약해지므로 액체 단면은 원상태로 되돌아와 다시 전류가 잘 흐르게되고, 다시 수축력이 강해진다. 이와 같이 반복되는 현상을 핀치효과라 한다. 이 효과는 용광로 내에 있는 도전성 액체(쇳물 등)를 균일하게 섞는데 이용하기도 하며, 열에너지를 좁은 공간에 모을 수도 있다.

(2) 홀 효과(Hall effect)

이 현상은 1879년에 미국의 물리학자인 E. H. Hall이 발견한 것으로써 도체나 반도체의 판에 전류 I[A]를 흘리고, 전류에 직각방향으로 자속밀도 B[Wb/m^2]를 가하면 전류 · 자속밀도의 양쪽에 직각인 방향으로 기전력 E_H[V]가 발생되는 현상이다.

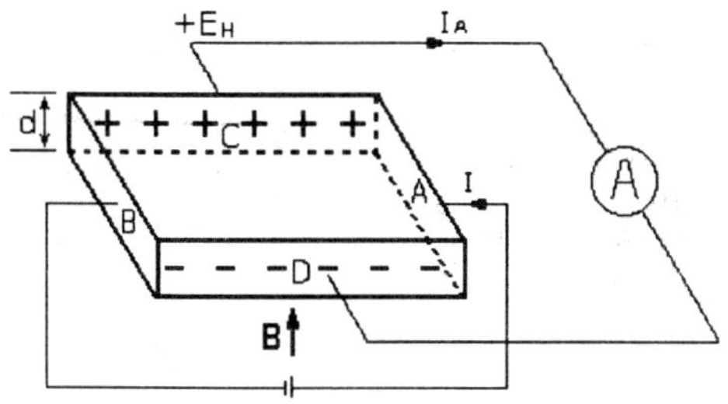

[그림 4 - 12] 홀 효과(P형 반도체)

이를 P형 반도체에 적용해서 설명하면 [그림 4-12]와 같은 방향으로 전류 I[A]를 흘리고 자속밀도 B[Wb/m^2]를 가하면 정공(正孔)에는 전류와 자속에 수직인 방향의 힘이 작용해서 정공은 단면 C로 밀리게 된다. 그렇게되면 단면 C에는 양이온이, 단면 D에는 음이온이 생기기 때문에 단면 C와 D 사이에는 전계가 생겨서 다음 식으로 표현되는 기전력 E_H[V]가 발생한다.

$$E_H = R_H \frac{IB}{d} [V] \tag{4-23}$$

여기서 d[m]는 반도체의 두께이고, R_H는 반도체 재료의 종류와 불순물 농도에 의해서 결정되는 정수로 홀 상수라고 한다.

이 효과는 전자의 궤도가 자장(磁氣場)에 의해서 구부러지기(로렌쯔의 힘) 때문에 일어나는 현상으로 전기 전도의 경우에는 기전력의 방향이 전자일 때와 반대가 된다. 전도의 본성을 조사하는 중요한 실마리로써 이 효과를 이용한 반도체소자(홀소자)는 자장의 검출이나 측정에 이용된다.

(3) 스트레치 효과(Stretch effect)

전류와 자계 사이에 작용하는 힘에 의한 효과로 마음대로 구부릴 수 있는 부드러운 도선에 큰 전류를 흘리면 서로 마주보고 있는 도선 상호간에 작용하는 반발력 때문에 도선이 원형을 이루게 되는데 이 현상을 스트레치 효과라 한다.

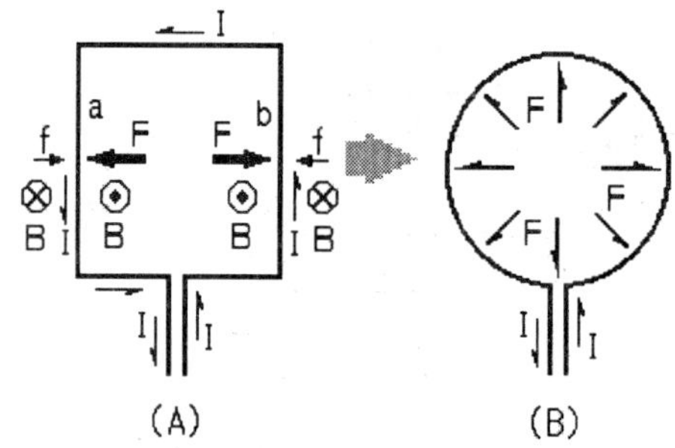

[그림 4 - 13] 스트레치 효과

[그림 4-13]의 (A)와 같은 4각형 도선에 큰 전류를 흘리면 서로 마주보고 있는 a와 b에는 전류 I에 의해서 그림에서와 같은 자속밀도(자계) B가 생기고 그들은 서로 직각이기 때문에 4각형 내부에서는 전자력 F가 도선 a와 b를 서로 밀어내는 방향으로 작용한다. 물론 4각형 도선의 외부에서는 전자력이 [그림 4-13](A)의 f와 같은 방향으로 작용하지만 내부에는 전자력의 합이 2F(자속밀도도 a쪽과 b쪽을 합쳐서 2배)인 반면 외부에는 F이기 때문에 내부의 전자력이 작용하는 방향으로 힘이 나타난다. 따라서 결국 전자력이 [그림 4-13](B)처럼 작용하여 도선은 원형이 된다.

4.9 전자유도 법칙

에르스텟(Oersted)이 1820년 전류에 의한 자기현상을 발견한 이후 영국의 파라데이(Faraday)는 자기에 의해서 전류를 일으킬 수 있을 것이라고 생각하고 연구를 거듭하여 1831년에 전자유도에 관한 법칙을 발표하였다. 그 내용은 「회로에 쇄교하는 자속이 변화할 때 그 회로에는 자속이 감소하는 비율에 비례하는 기전력이 유기된다」는 것이었다. 이것을 파라데이의 전자유도법칙이라 한다.

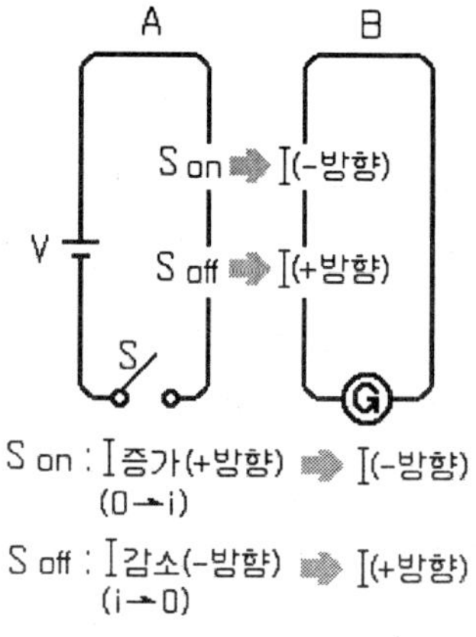

[그림 4 - 14] 파라데이 법칙

[그림 4-14]와 같이 회로 A와 B를 가깝게 붙여놓고 회로 A에는 전지 V와 스위치 S를, 회로 B에는 검류계 G를 설치한 후 스위치 S를 닫아서 회로 A에 전류를 흐르게 하면 스위치 S를 닫는 순간 회로 B에는 순간적으로 전류가 흘러 검류계 G의 바늘이 순간적으로 움직였다가 곧 0이 되는 것을 볼 수 있다. 이것은 회로 A에는 계속해서 전류가 흐르지만 회로 B에는 전류가 곧 없어진 것을 의미한다. 이제 스위치 S를 열면 그 순간 회로 B에는 역시 순간적으로 전류가 흘러 검류계 G의 바늘이 순간적으로 움직였다가 곧 0이 되는 것을 볼 수 있다. 그러나 자세히 관찰하면 이때 검류계 G의 바늘은 스위치 S를 닫을 때와는 반대방향으로 움직였다는 것을 알 수 있다.

이제 회로 A의 스위치 S를 닫아서 전류를 계속 흐르게 한 후 회로 A를 회로 B의 주위로, 또는 회로 B를 회로 A의 주위로 운동시켜도 운동이 계속되는 동안에는 회로 B에 기전력이 유기 되어 검류계 G의 바늘이 움직이고, 운동을 멈추면 검류계 G의 바늘도 멈춘다.

이와 같은 현상은 회로 B와 쇄교하는 자속수가 변화하는 순간에만 회로 B에 기전력이 유기 되는 것으로 이 현상을 전자유도(electromagnetic induction)라 하며, 이때 유기된(발생된) 기전력 및 전류를 각각 유도 기전력(induced motive force) 및 유도 전류(induced electric current)라 한다.

결과적으로 이런 현상은 회로 B가 현재의 상태를 계속 유지하려고 외부로부터의 변화를 방해하는 성질로 뉴우튼의 관성법칙과 같으므로 전자관성(電磁慣性)이라고도 한다.

자력선의 밀도는 그 점에서의 자계의 세기이며, 자력선의 다발이 자속이므로 자계의 세기 H와 자속밀도 B와는 비례관계에 있으며 그 비례상수라 할 수 있는 것이 투자율 μ이기 때문에 $B=\mu H$의 관계가 성립한다. 그리고 식 (4-12)에서 자계의 세기 H와 전류 I가 비례하기 때문에 전류와 자속과도 비례관계가 성립한다.

[그림 4-14]의 회로 B에서 회로와 쇄교하고 있는 자속 ϕ가 어떤 원인으로 $\Delta\phi$ 만큼 증가되었다면 회로는 이 증가분을 막기 위해서 회로 스스로 $-\Delta\phi$ 만큼의 자속을 만들어 현재의 자속 ϕ의 상태를 유지하려고 한다. 그러므로 회로에는 오른나사 법칙에 따라 $-\Delta\phi$를 만드는 전류가 발생하게 된다. 반대로 자속이 감소하면 전류는 자속을 증가시키는 방향으로 유기된다. 즉, 전자유도에 의해서 생기는 유도전류는 쇄교자속의 변화를 방해하는 방향이 된다. 이것이 렌쯔의 법칙(Lentz's law)이다.

파라데이의 전자유도법칙과 렌쯔의 법칙을 근거로 자속 ϕ가 변화할 때 발생하는 유도 기전력 e는 식으로 표현하면 다음과 같다.

$$e=-\frac{d\phi}{dt}[V] \tag{4-24}$$

이 식에서 자속이 매초 1[Wb]의 비율로 감소할 때 발생되는 유도 기전력은 1[V]가 됨을 알 수 있다. 여기서 ϕ는 쇄교 자속수로 코일을 n번 감으면 쇄교 자속수는 $n\phi$가 되므로 유도 기전력 또한 n에 비례하여 다음 식과 같이 된다.(여기서 - 부호는 기전력이 0보다 작다는 것이 아니고 방향이 반대라는 것이다)

$$e=-n\frac{d\phi}{dt}[V] \tag{4-25}$$

식 (4-25)는 파라데이의 전자유도법칙을 최종적으로 완성한 것으로 노이만의 법칙(Neumann's law)이라고도 한다.

4.10 도체의 운동과 기전력

고정되어있는 회로에 자속이 시간적으로 변하는 경우가 아닌, 일정한 자계 중에서 회로가 이동하기 때문에 회로와 쇄교하는 자속수가 시간적으로 변화할 때의 전자유도를 운동 전자 유도라 한다.

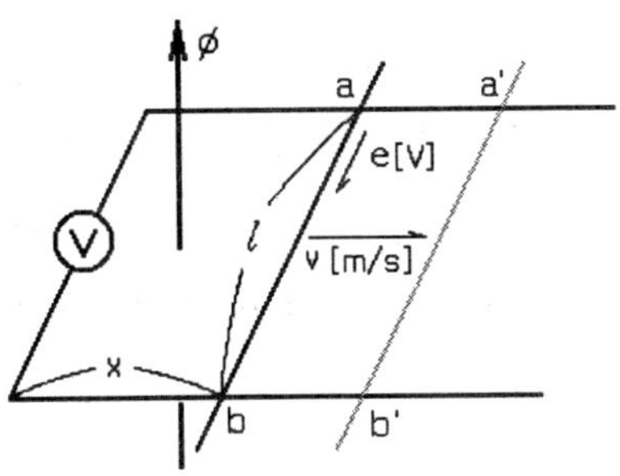

[그림 4 - 15] 운동도체의 기전력

[그림 4-15]와 같이 길이 l[m]인 도체 ab가 속도 v[m/s]로 자계속을 운동하고 있을 때 도체에는 a에서 b방향으로 유도 기전력 e가 유기된다.

이때 시간 dt[s] 사이에 도체가 운동을 하여 변화된 면적이 $dS = lvdt[m^2]$이므로 도체가 끊고 지나간 자속을 $d\phi$라 하면

$$d\phi = BdS = Blvdt[\, Wb].$$

그러므로 도체에 유기되는 유도 기전력은 다음과 같다.

$$e = \frac{d\phi}{dt} = vBl[\, V] \tag{4-26}$$

즉, 도체가 자속밀도 B를 v[m/s]의 속도로 끊을 때 그 도체에 생기는 유도 기전력의 크기는 도체의 단위길이 당 vB[V]임을 알 수 있다.

식 (4-26)은 [그림 4-15]처럼 자속밀도 B와 도체의 운동방향이 수직일 경우로 만약 자속밀도 B와 도체의 운동방향이 이루는 각이 θ라면 운동하고 있는 길이 l [m]인 직선도체에 유도되는 기전력은 다음 식으로 표현된다.

$$e = vBl\sin\theta [\ V] \tag{4-27}$$

결과적으로 이 기전력은 도선이 자속을 절단할 때 발생하는 것이기 때문에 도선이 정지해있고 도선 주위의 자속이 시간적으로 변화해도 마찬가지로 기전력이 유도된다.

이렇게 도체에 발생되는 유도 기전력의 방향은 유도된 기전력에 의해서 도체에 흐르는 전류의 방향과 같을 수밖에 없으므로 전류 I의 방향으로 보아도 된다. 그 방향은 도체의 운동방향과 자계의 방향에 따라서 결정되는데 이을 쉽게 알아내는 방법으로 플레밍의 오른손법칙(Fleming's right hand rule)이 있다.

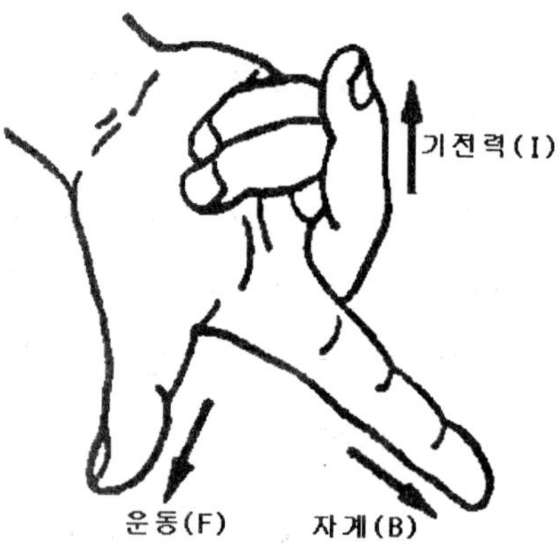

[그림 4-16] 플레밍의 오른손 법칙

[그림 4-16]처럼 오른손의 엄지, 인지, 중지를 펴서 서로 직각이 되도록 구부리고 엄지를 도체의 운동방향으로(힘 F의 방향), 인지를 자계의 방향으로(자속밀도 B의 방향) 하면 중지가 유도 기전력의 방향(전류 I의 방향)이 된다. 플레밍의 왼손법칙과 같이 엄지, 인지, 중지를 각각 F, B, I 또는 전(電), 자(磁), 력(力)의 순서로 알아두면 쉽게 기억할 수 있을 것이다.

4.11 전기-기계 에너지 변환

전동기는 전기 에너지를 기계 에너지로 바꾸는 장치이고, 발전기는 역으로 기계 에너지를 전기 에너지로 변환시키는 장치이다. 이러한 에너지 변환을 전기-기계 에너지 변환(electro-mechanical energy conversion)이라 한다.

이제 이들 두 에너지의 상호 변환이 어떤 원리에 의해서 이루어지는지 그 관계를 지금까지 습득한 지식을 바탕으로 정리해 본다.

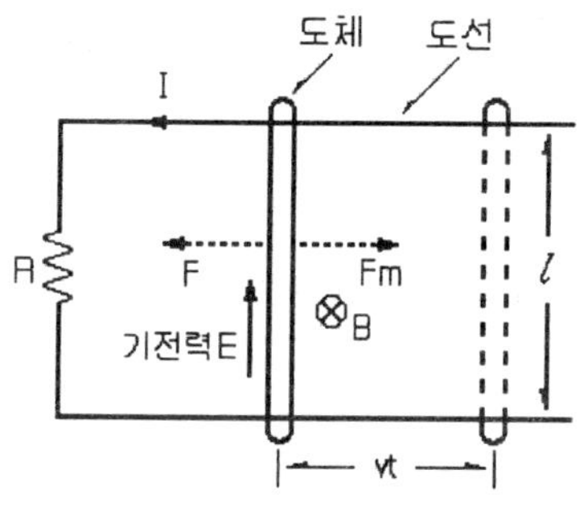

[그림 4 - 17] 전기-기계 에너지 상호관계

[그림 4-17]과 같이 지면의 표면에서 지면 속으로 들어가는 방향을 가진 자속밀도 B[Wb/m^2]의 평등 자계 내에 길이 l[m]되는 도체를 자계와 수직으로 놓고, 이 도체를 오른쪽으로 속도 v[m/s]로 이동시키면 도체에는 아래쪽에서 위쪽으로 향하는 유도 기전력 $e = vBl[V]$가 발생한다.

만약 이 도체의 양쪽 끝에 부하저항 R[Ω]이 연결되어 있으면 기전력 E[V]에 의하여 $I = \frac{E}{R}[A]$의 전류가 저항을 통하여 흐른다.

이 도체에 흐르는 전류 I[A]는 자계로부터 전자력 F를 왼쪽 방향으로 받기 때문에 도체의 운동을 방해하는 쪽으로 작용하며 그 크기는 식(4-17)에 의하여 $F = IBl[N]$과 같다.

이 왼쪽 방향으로 향하는 전자력 F[N]을 이겨서 도체를 더욱 오른쪽 방향으로 속도 v[m/s]의 등속도 운동을 계속하려면 도체에 F[N]과 크기가 같고 방향이 반대인 힘 F_m[N]을 외부에서 가해주어야 한다.

이 F_m[N]을 일반적으로 기계력(mechanical force)이라고 하며 그 크기는 $F_m = F = IBl[N]$이다. 외부에서 주어진 기계력에 의하여 도체가 시간 t[s]에 속도 v[m/s]로 운동하였다면 이때 기계력이 도체에 한 일, 즉 도체에 주어진 기계적 에너지(mechanical energy) W_m[J]은 다음과 같다.

$$W_m = F_m vt = IBlvt[J] \tag{4-28}$$

그 사이에 도체에는 기전력 E[V]가 발생하여 부하저항 R[Ω]에는 전류 I[A]가 흐르고 있으므로 도체가 부하에 공급한 전기에너지 W_e[J]는 다음과 같다.

$$W_e = EIt = vBlIt[J] \tag{4-29}$$

식 (4-28)와 (4-29)에 의해서 다음 식이 성립한다.

$$W_m = W_e[J] \tag{4-30}$$

즉, 도체에 공급된 기계적 에너지는 모두 전기 에너지로 변환되고 이 변환된 전기 에너지는 위 예에서의 경우 모두 저항 R[Ω]에서 주울열로 소비된다.

이상의 경우는 발전기처럼 기계 에너지가 전기 에너지로 변환되는 과정이지만 전기 에너지가 기계 에너지로 변환되는 전동기 경우도 똑같은 원리가 적용된다.

제 5 장

전기의 발생

5.1 화학작용에 의한 전기

5.1.1 볼타의 전지

전기는 1800년 이탈리아의 물리학자인 볼타(Volta, Alessandro : 1745～1827)가 「전퇴(電堆)와 볼타전지」를 발명하기 전까지는 자연현상에 지나지 않았고, 인간은 정전기를 모았다가 방전시키는 불꽃방전을 즐기는 정도가 고작이었다.

1780년 이탈리아의 동물학자 갈바니는 실험을 통하여 두 종류의 금속을 연결한 것의 양쪽 끝을 죽은 개구리 뒷다리의 근육에 접촉하면 개구리의 발이 경련을 일으켜 움찔움찔 움직이는 것을 알게되었다. 그는 이것이 정전기를 모아둔 축전병(라이덴병)의 안쪽과 바깥쪽의 주석판을 도선으로 연결할 때와 같이 방전이 일어나는 것으로 생각하고 전기가 개구리의 신경 속에 숨겨져 있다고 판단하여 여기에 동물전기라는 이름을 붙였다. 그런데 이 실험은 한 종류의 금속으로는 절대로 개

구리 발에 경련이 일어나지 않았다. 여기에 의문을 품은 볼타는 갈바니의 실험에서 전기의 근원이 개구리에 있지 않고 종류가 다른 두 금속의 접촉에 있다는 것을 발견하였다.

그후 볼타는 1800년에 마침내 [그림 5-1]과 같은 은판과 아연판 사이에 알칼리 용액으로 적신 헝겊을 끼운 것을 여러 겹 쌓은 볼타의 전퇴를 발표하였다.

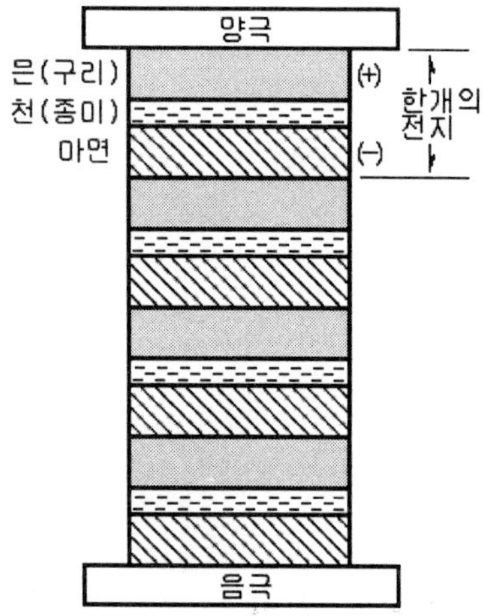

[그림 5 - 1] 볼타의 전퇴

볼타는 연구를 거듭하여 이 전퇴의 원리를 이용해서 묽은황산 속에 구리와 아연을 넣어 구리를 +극으로, 아연을 - 극으로 하고 묽은황산을 전해액으로 하는 볼타 전지를 발명하였다.

볼타전지를 설명하면 여기서는 구리보다 아연 쪽의 이온화 경향이 크기 때문에 (이온이 되기 쉬워서) 아연은 아연이온 Zn^{++}이 되어 전해액으로 녹아 나온다. 두 극을 전선으로 연결하면 아연판의 전자는 구리판으로 이동하고, 수소이온 H^{-}에 전자를 주어 수소가스가 된다. 전지는 이온화 경향이 큰 쪽의 금속이 음극이 되고 작은 쪽이 양극이 된다.

이 볼타전지는 기전력이 약 1.1[V] 정도였으며, 분극에 의한 전압강하가 심하게 일어나는 문제가 있었으나 이것이 인류가 만든 최초의 전지였다.

볼타의 그 공로를 인정하여 전압의 단위를 '볼트'라고 이름 지은 것이다.

5.1.2 레몬에서의 전기발생

[그림 5-2]와 같이 레몬에 동판과 아연판을 끼우면 동판은 플러스극이 되고 아연판은 마이너스극이 되어 테스터로 측정하면 약 1[V] 정도의 전압이 나오는 것을 알 수 있다.

이것은 레몬 속의 산성액이 볼타전지의 전해액 역할을 하고 아연과 구리가 레몬의 산 속에서 볼타전지에서와 같은 화학작용을 일으켜 두 금속판 사이에 전압을 발생시키는 것이다.

요즈음 사용하고 있는 건전지나 축전지 등의 경우도 이러한 화학작용을 이용한 것이다.

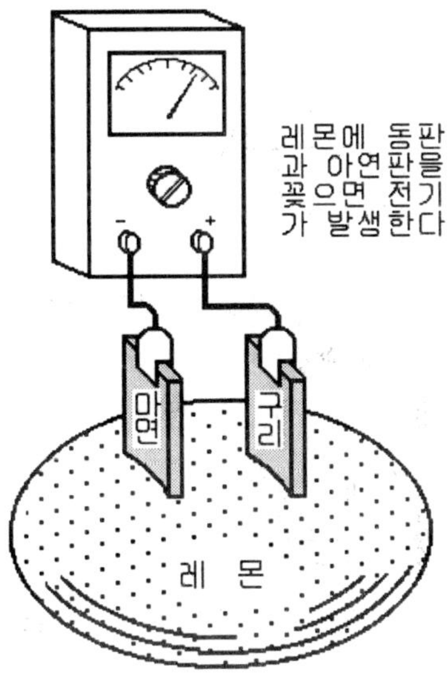

[그림 5 - 2] 레몬에서의 전기발생

5.2 전자유도에 의한 전기

앞장의 9절에서 설명한 것과 같이 도체가 자계 중을 이동하면서 자속을 끊으면 도체에는 식(4-26)과 같은 기전력이 발생한다. 파라데이의 전자유도법칙을 이용한 방법이다. [그림 5-3]과 같이 코일과 자석으로 전기를 만드는 방법으로 에나멜선을 여러 번 감아서 만든 코일에 검류계를 연결하고 이 코일에 자석을 넣고 왕복하면 검류계의 바늘이 움직인다.

이때 전류의 방향은 자석을 넣을 때와 뺄 때가 서로 반대임을 알 수 있다. 이 경우 코일의 감은 수가 많을수록 또 자석이 강할수록, 그리고 자석을 왕복시키는 움직임이 빠를수록 코일에 흐르는 전류가 강해지는 것을 알 수 있다. 현재 발전소에서 사용하는 발전기의 원리가 바로 이 현상을 이용한 것이다.

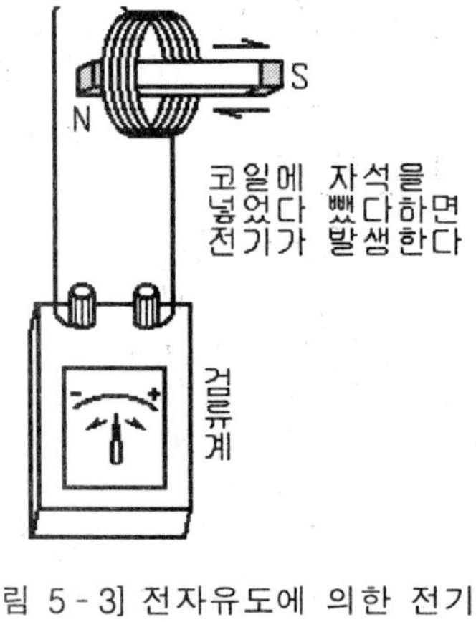

[그림 5 - 3] 전자유도에 의한 전기발생

5.3 수력발전(水力發電)

수력발전은 댐을 건설하기 위한 초기투자비용이 많이 들어가지만 하천에 흐르는 물을 사용하기 때문에 매우 경제적인 발전방식 중의 하나이다. 이는 높은 곳에서 낮은 곳으로 떨어지는 물이 물레방아를 돌리는 것과 비슷한 원리로 수차를 돌리게 되고 그 수차와 같은 축에 물려있는 발전기가 돌아가면서 발전을 하는 구조로 되어있다.

높은 곳에 있는 물을 낙하시켜 물이 가지고 있는 위치에너지를 기계에너지로 바꾸고 기계에너지를 다시 전기에너지로 변환하는 것이다.

1초 동안에 수량 Q[m^3]의 물이 유효낙차 H[m]를 낙하할 때 얻는 동력을 P_w라 하면 다음과 같이 된다.

$$P_w = 1000QH\,[kg \cdot m/s].$$

그런데 물 1[m^3]의 무게는 1000[kg]이고 1[kg · m] = 9.8[J], 그리고 1[kW] = 10^3 [J/s]이므로 이론수력(이론 출력)은 다음과 같다.

$$P_w = 9.8\,k\,QH\,[kW] \tag{5-1}$$

여기에 수차와 발전기의 효율을 합친 종합 효율을 k라 하면 실제 출력은 다음 식으로 표현한다.

$$P_w = 9.8kQH\,[kW] \tag{5-2}$$

5.3.1 일반적인 수력발전

(1) 수로식발전소(水路式發電所)

유량은 어느 정도 확보되지만 지리적 조건이 대규모의 댐을 시설하지 못하는 하천의 경우 경사나 굴곡 등의 지형을 이용하여 수로를 시설함으로써 낙차를 얻는 방식이다.

이 형식은 짧은 수로로서 가급적 큰 낙차를 얻을 수 있는 경우에 유리하므로 일반적으로 급경사로 굴곡이 많은 하천의 상류 또는 중류 부분에 시설한다.

(2) 댐식발전소(dam式發電所)

[그림 5-4]와 같이 하천 상류 부분의 수위를 높이기 위해서 하천을 가로질러서 댐을 만들어 높은 낙차를 얻는 방식이다.

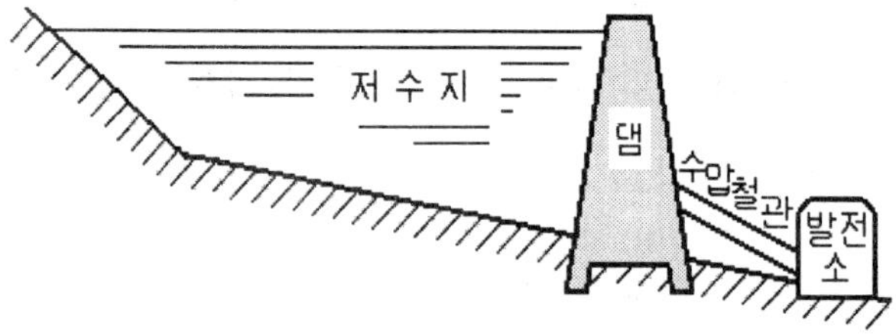

[그림 5 - 4] 댐식발전소

이 형식은 댐의 건설 비용이 제일 적게들고 최대의 낙차와 저수량을 얻을 수 있는 지리적 요건의 장소 선정이 중요하며 하천의 경사가 완만하고 유량이 풍부한 하천의 중류나 하류에 설치하는 경우가 많다. 북한강에 건설되어 있는 수력발전소가 이에 속한다.

(3) 댐 수로식발전소

[그림 5-5]와 같은 구조로 되어있으며 수로식과 댐식을 혼합한 것이다.

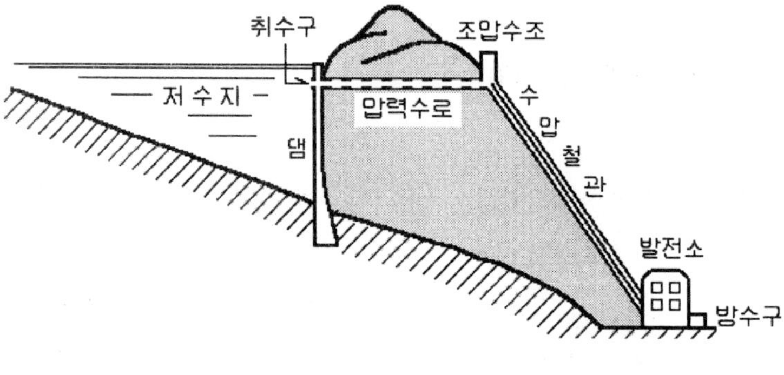

[그림 5 - 5] 댐 수로식발전소

이 형식은 댐을 건설하기에 적합한 곳에서는 낙차를 얻을 수 없으나 그곳보다 하류에서 낙차를 얻을 수 있을 때 하천의 경사가 완만하고 댐을 건설하기에 적합한 곳에 댐을 건설하여 저수하고 인공으로 수로를 파서 그 보다 하류의 낙차를 얻기 쉬운 곳으로 물을 보내서 발전하는 방식이다. 주로 하천의 상류나 중류에 시설하는 경우가 많다. 이때 물은 압력수로(지름길)를 통해서 같은 하천의 하류로 흐르게 된다.

(4) 유역변경식발전소(流域變更式發電所)

동일 하천에서는 낙차를 얻을 수 없을 때 다른 하천으로 물을 흘려보내서 낙차를 얻어 발전하는 방식이다. 위의 댐 수로식발전소와 같은 방식이나, 발전한 후의 물을 다른 하천으로 흘려보내는 것이 댐 수로식발전과 다른 점이다. 전라북도 정읍군 칠보면에 일제 강점기에 건설된 이 형식의 발전소가 지금도 발전을 하고있으며, 이 발전소의 수로는 주로 산을 뚫어서 건설하였다.

평화의 댐을 건설하게 했던 북한의 금강산댐 중에는 물길을 동해안으로 변경하여 발전하도록 한 이 방식의 발전소가 있다.

(5) 양수발전소(揚水發電所)

[그림 5-6]과 같은 구조이며 청평에 있는 양수발전소도 산꼭대기에 인공적으로 상부저수지를 만들고 산 정상으로부터 산 중심부를 뚫어서 수로를 개설하여 산 중심부의 맨 밑에 발전소를 건설하는 형태로 되어 있다. 발전에 사용한 물은 발전소 하류에 하부 저수지를 만들어 그곳에 모아두었다가 전기사용이 가장 적은 심야에 발전소 외부로부터 전력을 공급받아서 하부 저수지의 물을 상부 저수지로 품어 올린다(揚水한다).

이러한 발전소는 발전용량이 적고, 수량도 한정되어있으므로 전력소비가 많아서 전기가 일시적으로 부족할 때 발전하는 방식으로 운영된다. 그래서 첨두(尖頭 : peak)부하용 발전소로 이용하고 있다.

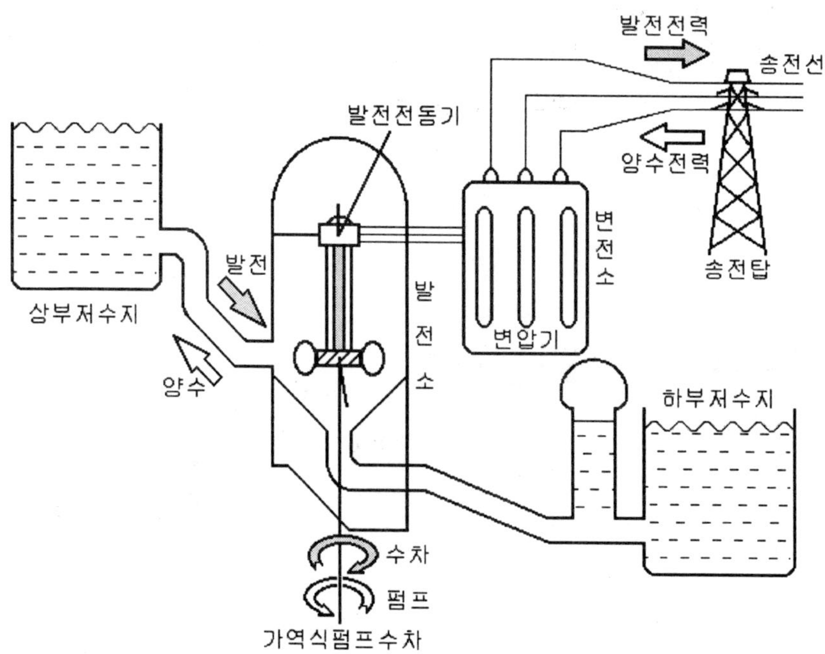

[그림 5 - 6] 양수발전소

5.3.2 기타 수력발전

(1) 조력발전(潮力發電)

조력발전이란 바다물의 간조와 만조 때의 수위 차를 이용해서 발전하는 것을 말한다. 즉, 완만한 경사의 바다 속에 댐을 건설해서 만조 때 들어온 바닷물을 가둬 놓았다가 간조 때 바다 물을 내보내면서 발전하는 방식이다. 이 방식은 수위의 차이가 별로 없고 주로 낙차와 수량이 동시에 확보되는 것을 전제로 하기 때문에 하천에 건설하는 발전소에서 사용하는 수차는 사용할 수가 없다. 즉, 물의 낙차가 매우 낮기 때문에 식 (5-2)에서 알 수 있듯이 유효낙차 H보다는 수량 Q에 의해서 출력이 결정된다. 그러므로 일반수력발전소에서 사용하는 수차는 세로로 서있는 반면 조력발전소의 수차는 가로로 누워있다. 이러한 조력발전방식은 주로 프랑스에서 활용하고 있으며 상당한 수준에 이르고 있다.

우리 나라도 서해안의 조수 간만의 차가 매우 크기 때문에 언젠가는 개발할 필요가 있다고 보여진다. 다만 바다 속에 댐을 건설하는 등 건설공법이 까다롭고 비용 또한 매우 많이 들어가는 것이 가장 큰 걸림돌이다.

(2) 다목적 댐식 발전

하천의 물을 자원화하여 보다 높은 이용을 목적으로 건설한 댐을 다목적 댐이라고 한다. 이 댐은 홍수 조절용, 상수도원, 농·공업용수원, 발전 등의 목적을 갖고 건설한다.

우리 나라 북한강 유역에 있는 모든 댐은 서울의 홍수조절 기능을 하는데 주로 소양강 댐이 대표적인 다목적 댐이며, 금강 유역에서는 대청댐이 이 방식에 속한다고 할 수 있다.

앞으로는 발전보다는 수자원의 확보 측면에서 많은 소규모의 댐이 건설되어야 할 것이다.

5.4 화력발전(火力發電)

화력발전소(thermal power plant)는 주로 화석연료를 태워서 연료가 갖고 있는 열에너지를 전기에너지로 변환하기 위하여 기본적으로 보일러시설과 매연이나 분진을 제거하기 위한 집진 시설이 갖추어져 있는 곳에 건설한다. 실제로 화력발전소에는 보일러 계통의 시설이 발전소 크기의 대부분을 차지하고 있으며 집진 시설 또한 큰 용량을 차지하고 있다. 집진 시설에서 나온 분진은 주로 석탄이 완전연소된 재로 방화벽돌이나 일반벽돌 혹은 화훼농가에서 사용하기도 한다.

화력발전은 연료에서 나온 열을 이용하여 물을 끓여서 수증기를 만들고 다시 수증기를 가열해서 과열증기(가스상태에 가까움)로 만든 다음 이를 터빈에 보내 터빈을 돌리면 같은 축에 물려있는 발전기가 회전하면서 전기를 생산하는 방식이다. 이는 수력발전에 비해 초기투자비용인 건설비가 저렴하고 공사기간도 짧은 장점이 있지만 지속적으로 연료가 필요하다는 것과 부속설비가 복잡하다는 단점이 있다.

화력발전에서 증기가 순환하는 장치사이클의 가장 간단한 예는 [그림 5-7]과 같은 것으로 랭킨사이클 장치선도라 한다.

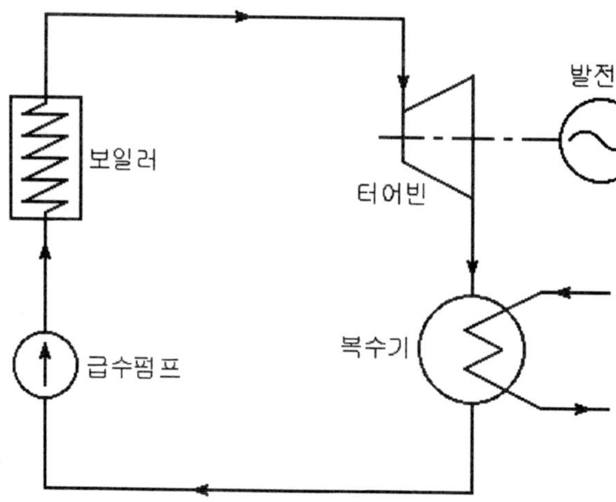

[그림 5-7] 랭킨사이클 장치선도

5.4.1 열원(熱源)에 의한 화력발전소의 종류

(1) 기력발전소(汽力發電所 : steam power plant)

석탄, 가스, 중유 등의 연료를 연소시켜서 증기를 발생시키고 그 증기로 발전기를 운전하는 발전소로서 열에너지를 기계에너지로, 다시 전기에너지로 변환시키는 방식이다. 서울의 당인리에 있는 서울화력을 포함하여 일반적인 화력발전소는 거의 이 방식이다. 열효율은 40% 정도이다.

(2) 내연력발전소(內燃力發電所 : internal combustion power plant)

연료를 내연기관 내에서 연소시켜 동력을 얻고, 그 동력으로 발전기를 회전시켜 발전하는 방식이다. 설비가 간단하고 운전 또한 용이하다.

(3) 특수화력발전소

1) 열공급발전소(熱供給發電所)

전력을 생산하기 위해서 보일러에서 발생시킨 열 중에서 터빈을 돌리고 난 후의 열을 회수해서 인근에 있는 공장의 작업용 증기로 보내주거나 아파트 등의 난방용으로 공급하는 것으로 증발열을 거의 전부 회수할 수 있으므로 종합 열효율이 대단히 높아진다.

2) 가스터빈 발전소

고온, 고압의 연소가스 또는 공기를 사용하고 밀폐형과 개방형이 있으며 기동, 정지가 간단한 장점이 있기 때문에 첨두부하용으로 사용한다.

3) 폐열이용발전소(廢熱利用發電所)

제철소나 정유공장, 시멘트 공장 등에서 연료로 사용되고 남는 열을 이용하여 발전하는 방식으로 시간적으로 안정된 열을 얻기가 곤란하므로 중유를 보조연료로 사용하나, 연료비가 저렴하기 때문에 발전원가가 싸다.

4) 지열발전소(地熱發電所)

땅속에서 분출하는 고온의 증기를 이용하여 증기 터빈을 운전하는 방식으로 화산(火山)국인 이탈리아, 뉴질랜드에서는 수십만 [kW]의 발전을 하고있고 일본에서도 사용하고 있다. 이때 땅속에서 분출하는 증기에는 다량의 산성이나 알칼리성을 띤 물질을 포함하고 있으므로 열교환기 등을 사용하여 비교적 순수한 물을 증발시켜서 얻은 증기를 터빈에 공급하는 방식을 채택하고 있다.

5) 원자력발전소(原子力發電所)

원자로 내에서 핵분열 물질인 U^{235}, U^{233}, Pu^{239} 등에 연쇄반응을 일으켜 원자가 가진 열 에너지를 방출시켜 보일러를 가열하는 방식이다.

5.4.2 용도에 의한 화력발전소의 종류

(1) 기저부하(基底負荷)발전소 및 상시(常時)발전소

일년 내내 기본적인 부하를 가지고 운전하는 발전소이다. 따라서 건설비가 많이 들더라도 대용량, 고효율로 건설할 필요가 있고, 연료나 유지비의 절감에 힘써야 한다.

(2) 피크(peak)부하발전소

단시간의 피크부하를 담당하는 발전소이기 때문에 짧은 시간에 출력을 증가할 수 있도록 설계하는 동시에 년간 부하율이 극히 낮기 때문에 발전소 건설비를 줄이고 연료비 및 운전비용을 절감하도록 해야하며, 부하변동에 대한 적응성이 우수해야 한다.

(3) 보급발전소(補給發電所)

첨두부하용 발전소처럼 부족한 부분을 보충해 주는 성격을 갖는 발전소로 년간 부하율이 대단히 낮기 때문에 발전소 건설에 있어서 운전의 융통성과 건설비 및 운전비용 등 전반의 경제적 측면을 우선 고려해야 한다. 즉, 효율, 운전의 융통성 및 신뢰도에 약간의 결점이 있어도 값싸고 간단한 것에 초점을 두어 건설해야 한다. 이런 화력발전소는 가능한 전기수용지역과 가까운 곳에 건설할 필요가 있다.

5.4.3 수력발전과 화력발전의 비교

(1) 건설비

다목적 댐식 수력발전은 발전 이외의 이용 때문에 비교하기가 어렵지만 발전만을 위한 댐식 수력발전은 화력발전에 비해 [kW]당 건설비가 많이 들고 건설기간도 길다.

(2) 운전비(運轉費)

화력발전은 연료비가 필요하며, 고온, 고압, 고속인 기계를 사용하므로 수력발전에 비해 수선비가 더 필요하고 복잡한 기계의 운전 및 관리 등에 많은 운전비용이 들어간다.

(3) 건설장소

수력발전의 경우 하천에 따라서 건설장소가 결정되므로 공업지역이나 대도시와 거리가 멀다. 화력발전은 소용량 경우 비교적 입지선택이 쉬운 반면 대용량은 用地와 用水의 확보, 연료수송, 공해 등의 관계로 여러 가지 제약을 받는다.

(4) 용량(容量)

수력발전은 하천의 조건에 따라서 용량이 결정되지만, 화력발전의 경우는 용지만 확보되면 용량은 거의 제약을 받지 않는다.

(5) 운전의 융통성

수력발전은 물의 낙차와 유량에 의해 발전하므로 운전에 상당한 융통성이 있지만, 화력발전의 경우는 고온 고압의 열에너지를 사용하므로 기기(器機)의 열적 영향으로 융통성이 적다.

(6) 공해문제

화력발전은 굴뚝에서 배출되는 연소가스 중에는 매연(아황산가스, 일산화탄소, 탄화수소 등)이나 석탄이 연소된 가루 등이 섞여있어서 공해를 일으킬 수 있으나 수력발전은 공해가 전혀 없다.

(7) 연료확보

국내에서 생산되는 화력발전의 연료는 저질탄이 고작이다. 따라서 연료의 확보는 외국에 의존하는 결과가 된다. 수력발전의 경우는 비만 내리면 그것이 모두 연료인 셈이다.

5.4.4 열과 온도

열량의 단위에는 calorie와 B.T.U(British Thermal Unit)가 있다.

1[cal]는 1기압 하에서 순수한 물 1[g]을 1[℃] 높이는데 필요한 열량인데 공업용으로는 [kcal]를 사용하며, 1[B.T.U]는 물 1[lb]를 32[°F]에서 212[°F]까지 높이는데 필요한 열량의 $\frac{1}{180}$ 를 의미한다. 온도에는 섭씨, 화씨 외에 분자운동이 정지한다고 생각하는 이론상 최저온도인 -273.16[℃]를 절대영도(絶對零度)로 하는 단위 [°K]의 절대온도도 있다.

단위 사이에는 다음과 같은 관계가 있다.

$$1[\text{kcal}] = 4186[\text{J}] = 3.968[\text{B.T.U}] = 427[\text{kg} \cdot \text{m}]$$

$$1[\text{B.T.U}] = 0.252[\text{kcal}], \qquad 1[\text{kwh}] = 860[\text{kcal}]$$

$$t[℃] = \frac{5}{9}(t[°\text{F}] - 32), \qquad t[°\text{F}] = \frac{9}{5}t[℃] + 32$$

$$T[°\text{K}] = t[℃] + 273 = t[°\text{F}] + 460$$

5.5 원자력발전(原子力發電 : nuclear power plant)

5.5.1 역사적 고찰

인류가 석탄이나 석유 등의 화석연료 이외의 에너지 공급원으로 원자력을 이용하게 된 역사는 길지 않다. 1934년 Envico Fermi가 최초로 우라늄의 핵분열 실험을 한 이후 1938년 독일의 Otto Hahn과 Strassman에 의해 우라늄은 스스로 핵분열을 하여 막대한 에너지를 방출한다는 사실이 발표되었으며, 첫 원자력의 이용은 원자폭탄의 형태로 인류역사에 오점을 남기기도 하였다. 그후 원자력의 평화적 이용에 대한 노력의 결과가 원자력발전이라는 형태에 집중하게 되었다.

1956년 영국의 Calder Hall 원자력발전소가 세계 최초로 상업발전을 시작하였고 우리 나라는 1978년 고리원자력 1호기(시설용량 600[MW])를 준공함으로써 세계 21번째의 원자력발전국의 대열에 서게 되었다.

고리 1호기의 원자로는 미국의 Westing House사가 개발한 가압수형경수로(PWR : Pressurized Water Reactor : 加壓水型輕水爐)를 사용하였고 2차계통은 영국의 GEC사가 맡았다. 그후 1983년 4월에 상업발전을 시작한 월성 1호기는 캐나다가 개발한 가압수형중수로(CANDU - PHW : Canadian Deuterium Reactor Pressurized Heavy Water Reactor : 캐나다형 중수감속 가압수형 중수냉각로)를 채택하여 핵연료 공급면에서 다원화를 꾀하였다.

원자력발전의 확대는 장차 고갈될 화석연료에 대비한다는 가장 큰 의미를 갖고 있다. 그러나 환경에 대한 방사능오염은 적다고 하더라도 발전이후의 방사성 폐기물의 처리문제가 큰 문제로 대두되고 있다. 또한 실제로 지구상의 우라늄분포는 지각 중의 평균 부존량이 약 0.0004[%]이며 그나마 북미와 남아프리카에 편재되어 있다. 토륨(Th)은 지각 중 평균 부존량이 우라늄의 3배 정도지만 경제성이 있는 것은 우라늄의 절반 정도밖에 되지 않는다.

우리 나라의 경우 우라늄이 약 15,000[ton] 매장되어 있는 것으로 추정되나 원광석에 우라늄의 농축비율이 낮기 때문에 우라늄 농축기술의 개발이 선행되어야 실제로 사용할 수 있다.

5.5.2 원자력발전과 화력발전의 비교

원자력발전은 원자로 내에서 일어나는 핵분열에 의한 열을 냉각재를 통해서 원자로 밖으로 빼내어 그 열로 증기를 발생시켜 터빈을 돌리는 구조로 되어있다. 따라서 화력발전에서의 석탄이나 기름 등 연료의 역할을 우라늄이나 플로토늄 등의 분열성 물질이 대신하고 있는 것이다. 이 두 가지 발전의 계통을 단적으로 비교하면 [그림 5-8]과 같다.

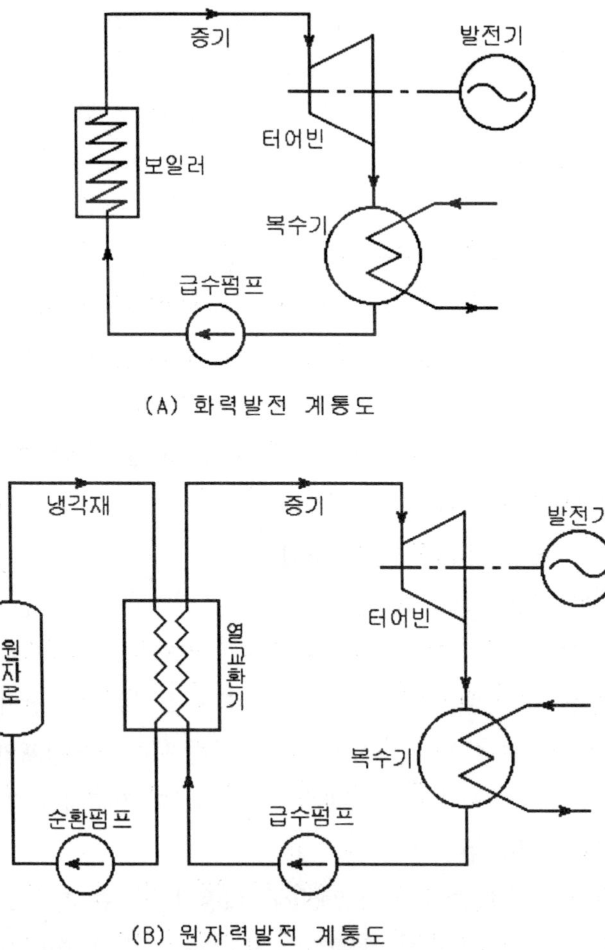

[그림 5-8] 원자력발전과 화력발전의 계통도 비교

원자력발전에서는 화력발전의 보일러대신 원자로의 열이 열 교환기로 보내지고 열 교환기에서는 급수계통에서 보내진 물을 끓여 증기를 얻어 터빈을 돌리는 것이다. 이렇게 열 교환기를 만든 이유는 터빈 쪽에 방사능의 영향이 미치지 않게 하기 위함과 원자로 내에서 증기를 만들 경우 원자로의 안정도에 나쁜 영향을 주기 때문이다.

이와 같이 증기를 만들기까지는 차이가 있으나 터빈 이후의 전기설비는 동일하다. 다만 화력발전에서는 고온, 고압의 증기가 사용되지만 원자력발전의 증기는 특별히 증기를 과열하는 시설을 갖지 않는 한 비교적 저온, 저압의 증기를 사용한다.

원자력발전소가 화력발전소에 비해 특히 다른 점은 다음과 같다.

① 원자로의 폭주(runaway : 고장으로 인하여 출력이 과다하게 되어 원자로가 파손되는 현상)에 대비하여 원자로나 냉각계통을 지하실 및 강재(鋼材)로 만든 커다란 격납고에 시설한다.

② 방사선에 의한 피해를 막고자 원자로나 냉각계통을 차폐하고 중요한 건물 내에 방사선 레벨을 측정 감시한다.

③ 사용한 연료를 보관하여(방치하여) 방사능을 감쇄시키는 방이나 연못이 필요하고, 연료순환형 원자로가 설치된 발전소에서는 연료로부터 핵분열성물질의 제거, Pu^{239}, U^{233}의 회수를 위한 화학처리 공장이 있어야 한다.

④ 원자로의 연료를 취급할 때 인체에 위험이 없도록 원격제어장치를 완비하여야 한다.

⑤ 방사성물질의 처리계통이 있어야하므로 하천 근처에 있어야 한다.

⑥ 건설장소는 안전을 고려하여 도심지 부근에서 떨어져있어야 하고, 견고한 지반을 선정함은 물론 지하수 계통이나 기상조건을 고려하여야 한다.

5.5.3 핵연료(核燃料)

핵분열성핵종(核分裂性核種)을 포함한 물질을 핵연료라 하며, 천연(天然)에 존재하고 있는 핵분열성핵종은 U^{235}뿐이고 천연우라늄 속에는 0.714[%]만이 함유되어 있다. 나머지의 대부분은 U^{238}이지만 이것도 중성자를 흡수하여 분열성의

Pu^{239}로 전환되며, Th^{232}도 중성자를 흡수해서 U^{233}으로 전환되기 때문에 어느 것이나 핵연료로 사용이 가능하다. 이런 점에서 U^{235}를 함유한 연료를 1차 연료, Pu^{239}나 U^{233}을 함유한 연료를 2차 연료라고 하며, 핵종 U^{238}과 Th^{232}를 친물질(親物質 : fertile material)이라고 한다.

Pu^{239}가 친물질 U^{238}로부터 생성되는 만큼 핵연료의 이용도는 높아진다. U^{235}의 연소에 있어서 소실수(消失數)에 대한 핵분열 물질의 생성수(生成數)의 비를 전환율(轉換率)이라 한다. 현재 개발되어 있는 열중성자원자로에 사용되는 연료는 천연우라늄 및 저농축 우라늄의 금속 또는 산화물 연료가 많다.

우라늄의 동위원소는 안정된 동위원소로 U^{234}, U^{235}, U^{238}이 있고, 불안정한 동위원소로 토륨(Th), 플로토늄(Pu), 라듐(Ra) 등이 있으며, 이들은 일정한 비율로 원자의 구조가 변화해서 다른 원소로 변환(전환)되는 성질을 갖고 있다. 이렇게 원자구조가 변화되는 것을 붕괴(崩壞)라 하며 α붕괴와 β붕괴가 있다.

(1) 우라늄(Uranium)

우라늄은 천연에 존재하는 元素 중 가장 무거운 원소로서 3개의 동위원소를 갖고 있으며, 동위원소별 조성비는 다음과 같다. U^{238}이 99.28[%], U^{234}가 0.006[%], U^{235}가 0.714[%]로 이루어져 있고, 금속 우라늄은 은백색으로 광택이 있지만 화학적으로 활발하여 공기 중에서 곧 산화되어 광택을 잃어버린다. 이는 600[℃] 정도에서 성질이 변하고 그이상 온도가 올라가면 연료의 형태가 변하는 등의 문제가 있기 때문에 연료 사용의 최고 온도가 제한되는 제약이 따른다.

합금으로는 U-Al합금, U-Mo합금, U-Zr합금 등이 실용화되어 있으며 화합물로는 산화우라늄(UO_2), 탄화우라늄(UC), 질화우라늄(UN) 등이 있다.

(2) 플로토늄(Pu)

U^{238}이 중성자를 포획(捕獲)하여 생성되는 Pu^{239}는 핵연료로 가장 유망하다. 그러나 다음과 같은 문제점이 있다.

① 강한 α선 방사물질이고 강한 독성을 갖고 있는 분말이기 때문에 비산(飛

散)하기 쉽다.

② 임계량(臨界量)이 적기 때문에 취급이 어렵다.

③ 상온으로부터 융점인 640[℃] 사이에 6개나 되는 고체상태(固相)를 갖고있기 때문에 상태의 변화(變態)에 의한 성질의 변화가 심하고 사용이 어렵다. 따라서 가공성은 좋지만 내식성(耐蝕性), 내산성(耐酸性)이 나쁘기 때문에 금속 Pu단체(單體)가 아닌 합금, 세라믹스, 분산연료 등으로 사용한다.

(3) 토륨(Th)

Th^{232}가 중성자를 흡수하면 핵분열성 물질인 U^{233}을 생성한다. Th은 증식로(增殖爐)의 친물질로서 중요하지만 Th만으로는 원자로系가 성립되지 않으므로 개발이 늦어지고 있다.

가공성은 양호하지만 화학적으로 활발하여 대기 중에서 산화하거나 냉각수에 의한 부식이 심하므로 합금이나 산화물 연료로 사용한다.

5.5.4 원자력발전의 특징

원자력발전은 원자의 핵반응에 의한 질량결손에너지를 이용하는 핵분열을 이용하기 때문에 다음과 같은 몇 가지 특징이 있다.

① U^{235}는 석탄에 비해 약 300만 배의 에너지를 얻을 수 있으므로 발전소 출력에 대한 소비연료량(消費燃料量)이 적다.

② 증식로에서 U^{238}은 Pu^{239}로, Th^{232}는 U^{233} 등으로 연료를 소비하는 동시에 새로운 연료가 생성된다.

③ 원자로의 폭주로 인해 출력이 계속 증가하면 원자로의 파손은 물론 그에 의해서 주위에 심한 위해(危害)를 초래하므로 원자로 및 냉각계통의 보호에 각별히 신경을 써야 한다.

④ 운전 중인 원자로는 물론이고 사용한 연료나 냉각재(冷却材) 등도 방사능을 띠게 되므로 방사능 오염이 없도록 차폐, 밀봉, 원격조정 및 방사능 감시체제

를 엄격하게 확립해 두어야 한다.

⑤ 사용한 연료의 방사능을 감쇠시키거나 재처리하는 시설이 필요하다.

⑥ 핵물질 유출사고는 그 파급효과가 대단히 크므로 건설 당시부터 철저한 입지 조건 조사 및 시스템 운전제어 등에 고도의 정밀 기술이 요구된다.

5.5.5 원자로의 구조

핵분열의 연쇄반응을 이용하여 그때 방출되는 에너지를 제어된 상태에서 꺼내어 쓰는 장치를 원자로(nuclear reactor)라 한다. 원자로에서 발생한 에너지를 열의 형태로 외부로 끌어내어 그 열로써 증기를 발생시켜 터빈을 돌리고 터빈과 직결되어있는 발전기를 운전하여 전력을 발생시키는 것을 원자력발전이라 한다.

[그림 5-9]는 가압수형 원자로의 주요계통도이다.

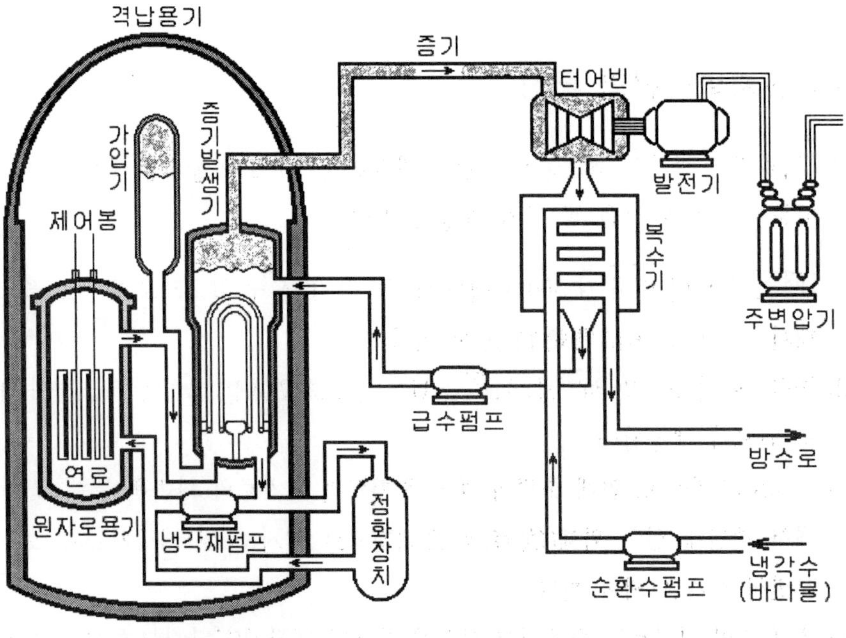

[그림 5-9] 원자력발전의 주요계통도(PWR)

화력발전소의 보일러에 해당하는 원자로에는 핵분열반응의 원리상 다음의 3가지로 분류할 수 있다.

(1) 고속중성자로(高速中性子爐 : fast neutron reactor)

고속중성자에 의해 지속 반응을 일으키는 원자로이며 이때 중성자의 대부분은 0.1[MeV] 이상의 에너지를 갖고 있다. 이 원자로는 제어가 곤란하고 원자로가 폭주하는 경우 위험도가 크며 고농축 핵연료가 필요하기 때문에 가격이 대단히 비싸진다는 결점이 있다.

그러나 비분열성인 ${}_{92}U^{238}$이나 ${}_{90}Th^{232}$는 중성자를 흡수하여 핵분열성인 ${}_{94}Pu^{239}$ 및 ${}_{92}U^{233}$이 되므로 핵연료의 증식이 동시에 일어난다는 점은 대단히 큰 장점이라고 할 수 있다.

(2) 열중성자로(熱中性子爐 : thermal neutron reactor)

핵분열에서 발생하는 평균 2[MeV]의 에너지를 가진 중성자의 에너지를 0.025 [eV] 정도의 열중성자까지 저하시켜 이에 의한 핵반응을 지속하는 원자로를 말한다.

열중성자는 핵분열물질에 대단히 잘 흡수되어 연쇄반응을 지속시키는데 필요한 핵분열성 물질의 양이 적어진다는 이점이 있다. 그러므로 천연우라늄 중 약 0.714 [%]만 존재하는 ${}_{92}U^{235}$를 열중성자에 의해서 핵반응을 일으킬 수 있는 강점이 있다.

(3) 중속중성자로(中速中性子爐 : intermediate neutron reactor)

에너지가 1[KeV] 이하인 중성자에 의해 핵반응을 지속하는 원자로로 열중성자로에 비해서 감속재의 소요량이 적은 반면 연료량은 많아진다. 고속중성자로에 비해서는 제어가 용이하고 열중성자로 보다 용적이 적어지는 등의 특징이 있다.

이상의 것들 중 가장 기본적인 형태의 열중성자로에 대해 그 구성을 간단히 살펴보면 다음과 같다.

1) 로심(爐心), 핵연료, 감속재(減速材)

핵분열이 진행되고 있는 부분을 로심이라 하며 이 속에는 임계량 이상의 핵반응을 제어하기 위해서 고속중성자를 열중성자까지 감속시켜주는 감속재가 들어있다.

연료로는 천연우라늄 및 농축우라늄을 사용하며 $_{94}Pu^{239}$를 사용하는 증식로도 개발하고 있다. 농축우라늄은 보통 $_{92}U^{235}$의 비율이 수[%](천연의 것은 0.714[%])의 것이 사용되나 농축도를 높이면 중성자 발생률이 커지므로 로의 용적을 줄여도 된다.

감속재는 핵분열에 의해서 생긴 고속중성자(2[MeV, 약 2×10^7[m/s])의 에너지를 열중성자(0.025[eV], 약 2200[m/s])로 감속하기 위한 것으로 중성자 흡수가 적고 탄성산란에 의해 감속되는 정도가 큰 것이 좋으며 중수, 경수, 산화베릴늄, 흑연 등을 사용한다.

한편, 연료와 감속재가 똑같이 혼합되어 있는 로를 균질로라 하며, 각각 일정한 규칙에 따라 배치되어 있는 로를 불균질로라 한다. 균질로에서는 우라늄염의 수용액을 연료로 사용한다.

2) 냉각재(冷却材 : coolant)

원자로에서 발생한 에너지를 외부로 꺼내기 위한 매개체를 말한다. 냉각재는 로심을 통과하므로 열에너지를 꺼내는 동시에 로내의 온도를 적당한 값으로 유지시킬 필요가 있으므로 보통 탄산가스, 헬륨 등의 기체나 경수, 중수, 혹은 나트륨과 같은 액체금속유체를 사용한다.

3) 제어봉(制御棒 : control rod)

원자로 내에서 핵분열의 연쇄반응을 제어하고 배율을 변화시키기 위해서 제어봉을 로심에 삽입하고 그것을 넣었다 뺐다 할 수 있도록 한다. 붕소($_5B^{10}$), 카드뮴($_{48}Cd^{113}$), 하프늄($_{72}Hf^{177-180}$)과 같이 중성자 흡수면적이 큰 재료로 만든다.

4) 반사체(reflector)

중성자를 반사시켜 외부로 누설되지 않도록 로심 주위에 반사체를 설치한다. 반사체로는 베릴륨(Be), 흑연과 같이 중성자를 잘 산란시키는 재료가 좋으며 일반적으로 요구되는 성질은 감속재와 같다.

5) 차폐재(遮蔽材 : shield material)

궁극적으로 원자로 내의 방사선이 외부로 누출되는 것을 방지하는 것을 말한다. 차폐에는 열차폐와 생체차폐의 두 가지가 있다. 열차폐는 스테인레스, 카드뮴과 같이 열전도가 좋은 것을 사용하며 생체차폐는 로의 제일 바깥에 설치하여 발전소 근무자를 γ선 또는 중성자 등의 방사선으로부터 보호하는 것이며 밀도가 커서 효과가 좋은 납과 철, 콘크리트 등을 사용한다. 콘크리트는 두껍게 시공하거나 철 등을 혼합하여 밀도를 높이기도 하며 여러 겹으로 시공하는 방법 등이 있고, 견고하여 구조재(構造材)로 경제적이며, 시공상의 융통성도 좋기 때문에 콘크리트를 가장 널리 사용한다.

5.6 기타 발전

5.6.1 내연력발전(內燃力發電)

내연기관은 가스의 단열압축, 수열, 단열팽창, 방열(放熱)의 과정을 반복하여 동력을 발생하고 그 동력으로 발전기를 돌려서 발전하는 방식이다.

연료로는 가스체, 원유계의 액체, 비원유계 액체가 있으나 비원유계 액체(식물이나 동물에서 얻는 것)는 가격이 비싸기 때문에 일반적으로 사용하지 않는다. 가스체 연료에는 여러 가지가 있으나 일반적으로 천연가스나 용광로가스를 사용한다. 원유계 액체연료에는 휘발유, 등유, 중유 등이 있으나 일반적으로 디젤기관용인 중유를 사용한다. [그림 5-10]은 4사이클기관(엔진)의 동작을 나타낸 그림이다.

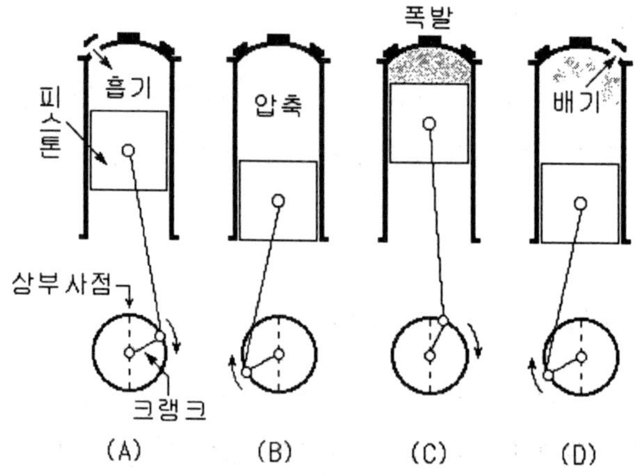

[그림 5 - 10] 4사이클기관의 행정

디젤기관은 공기를 높은 압력까지 압축하면 압축공기의 온도가 높아지고 여기에 연료를 분사하면 자연 발화하여 폭발하는 내연기관이다.

[그림 5-10]과 같이 피스톤에 작용하는 압력은 직선운동을 일으키므로 이것을 회전운동으로 바꾸기 위하여 크랭크(crank)를 사용한다.

[그림 5-10]의 (A)는 상부사점(上部死點 : dead point)으로부터 크랭크가 내려오는 상태이고, 연료와 공기의 혼합기체(디젤기관의 경우에는 공기만)를 흡입하고 크랭크가 하부사점에 도달했을 때 흡입밸브(suction valve)를 닫는다. 이 과정을 흡입행정이라 한다. 크랭크가 하부사점을 지나면 혼합기체가 점차 압축되고, 이 동작은 상부사점까지 계속된다([그림] (B)). 이 과정을 압축행정이라 하며, 이 행정의 마지막에(상부사점 도달 즈음에) 점화하면(디젤기관의 경우에는 중유를 안개처럼 만들어서 분사하면 자연 발화하여) 폭발하여 고온 고압이 되어 피스톤을 아래로 밀어낸다([그림] (C)). 이 과정이 폭발행정이다. 크랭크가 다시 하부사점을 지나 피스톤이 위로 올라가면 배기밸브(exhaust valve)가 열려 실린더 내부의 가스를 외부로 배출한다([그림] (D)). 이 과정이 배기행정이다. 크랭크가 상부사점을 지나면 최초행정인 흡입행정이 시작된다. 이렇게 [그림 5-10]의 동작은 크랭크가 두 번 회전하는 사이에 폭발은 한번만 일어나기 때문에 4사이클기관(four cycle engine)이라 하며, 4행정에 1회만 동력을 발생하므로 기관이 운전을 계속하려면 발생한 동력 중에서 일부분을 기계적 에너지로 플라이 휠일(fly wheel)에 저장하여 그 관성에 의해서

후속행정을 계속하도록 해야한다.

이런 문제를 보완한 것이 2사이클기관이다. 일반적으로 2사이클 기관은 4사이클 기관에 비해 효율이 낮으므로 발전기가 커져서 불리하지만, 구조가 간단하고 중량이 가벼우므로 출력이 큰 곳에 사용되고 저부하율 발전소에 유리하다. 또한 기관의 회전력 맥동(脈動)이 적으므로 플라이 휘일 효과가 적어도 유리한 점이 있으며 대용량 저속기로서 부하율이 낮은 경우에도 좋다.

내연기관은 압축압력이 높을수록 폭발력이 높고 열 효율도 높아지지만 압력이 너무 높으면 혼합기체가 압축 도중에 자연 발화하여 폭발할 우려가 있으므로 압축 한계는 대략 7～13[kg/㎠] 정도이고, 디젤기관은 공기만을 압축하므로 압력을 높여도 도중에서 폭발할 우려가 없으므로 그보다 훨씬 높은 55[kg/㎠] 정도이다.

(1) 디젤 발전소

디젤기관발전을 수증기를 매체로 하는 기력발전과 비교하면 다음과 같은 장단점이 있다.

장 점

① 설비가 단순하고 건물의 면적이 작아도 된다.
② 적은 출력에서도 열효율이 비교적 좋고 경 부하에서도 열효율의 저하가 적다.
③ 기동이나 전 부하까지의 시간이 짧다.
④ 연료의 저장이나 취급이 편리하다.
⑤ 다량의 냉각수가 필요치 않다.

단 점

① 출력이 작고 단위 출력당 건설비가 다소 높아져서 대용량 발전소에는 부적합하다.
② 연료는 액체연료로 한정되어 있다.
③ 디젤기관은 왕복운동을 하므로 회전력의 맥동을 피할 수 없다.

이상과 같은 특성 때문에 큰 발전소의 내부 동력용 비상용전원 또는 수용가의 정전시 예비용 전원으로 사용하는 데 불과하다.

(2) 가스터빈발전소

가스터빈이 처음으로 실용화된 것은 1938년 스위스에서 건설한 발전소로 4000[kW]의 것이었다. 우리 나라에서도 울산에 15000[kW] 발전기 6대를 설치하여 운전한 바 있다.

가스터빈은 열역학상 열효율이 가장 좋은 카르노 사이클에 근접한 운전을 하기 위한 방식인데, 동작을 구분해보면, ① 동작유체를 단열 압축하여 고압으로 만들어서 사이클을 순환하는데 필요한 에너지를 공급하는 부분, ② 고압이 된 동작유체를 가열하여 고온 고압으로 만들어 에너지를 추가하는 부분, ③ 고압의 동작 유체를 단열 팽창시켜 기계에너지로 변환하는 부분의 셋으로 되어있다.

가스터빈에는 다음과 같은 3가지 종류가 있다.

① 밀폐사이클 가스터빈 : 공기를 동작유체로 하고 연료와 공기를 혼합하지 않는 방식으로 공기터빈이라고도 한다.

② 개방사이클 가스터빈 : 압축공기와 연료가스를 혼합하여 혼합기체가 동작 유체가 되는 것이다.

③ 자유피스톤 가스터빈 : 자유피스톤이라고 하는 대향(對向) 피스톤의 2사이클 디젤기관의 피스톤에 소기용압축기(掃氣用壓縮機)의 피스톤을 연동시켜서 터빈의 동작기체를 만들고 이것으로 터빈을 구동하는 방식이다.

여기서는 대표적으로 밀폐사이클 가스터빈에 대해서 설명한다. [그림 5-11]과 같이 공기를 공기압축기에서 고압으로 압축하고 열교환기에서 예열한 후 다시 공기가열기에서 연료의 연소에 의해 가열한다. 이 고온고압의 공기는 공기터빈에서 단열 팽창하여 터빈을 돌린 후 열교환기를 통하여 다시 압축기로 돌아와서 순환한다.

이 방식은 동작유체가 대기로부터 차단되어 있으므로 임의의 압력으로 사용이 가능한 것이 특징이다. 또한 고압으로 하여 기기를 소형화할 수 있으며 열교환기의 효율이 높아지므로 출력이 큰 것에 적합하다.

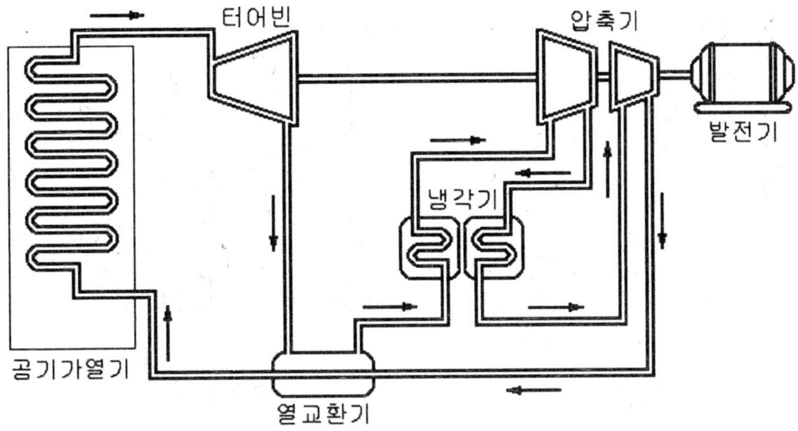

[그림 5 - 11] 밀폐사이클 가스터빈 계통도

5.6.2 지열발전(地熱發電)

지열은 자연계에 존재하는 유력한 열원으로 연료를 소비하지 않고 증기기관을 운전하여 동력을 얻을 수 있는 방식이므로 경제성이 확보되기 위해서는 지하(샘)에서 나오는 천연증기나 뜨거운 물(熱水)이 충분한 압력과 온도를 가지고 있어야 하며 장기간 안정적으로 채취할 수 있어야 한다. 이탈리아의 경우 총출력 300[MW] 이상의 발전을 하고 있다.

지열발전에는 샘에서 분출하는 증기를 이용하는 방식과 열수를 이용하는 방식으로 대별한다.

(1) 천연증기이용발전

샘에서 분출되는 증기에는 과열상태의 것, 포화상태의 것, 또는 포화수와 포화증기가 혼합된 것 등 여러 가지가 있다. 증기를 이용하는 방법을 살펴보면, ① 천연증기를 직접 터빈에 작용시키는 직접방식과 ② 천연증기를 열원으로 하여 열교환기에서 물이나 기타 동작유체를 가열하여 그 동작유체로 터빈을 운전하는 간접방식이 있다. [그림 5-12]의 (A)는 직접방식, (B)는 간접방식의 계통도이다.

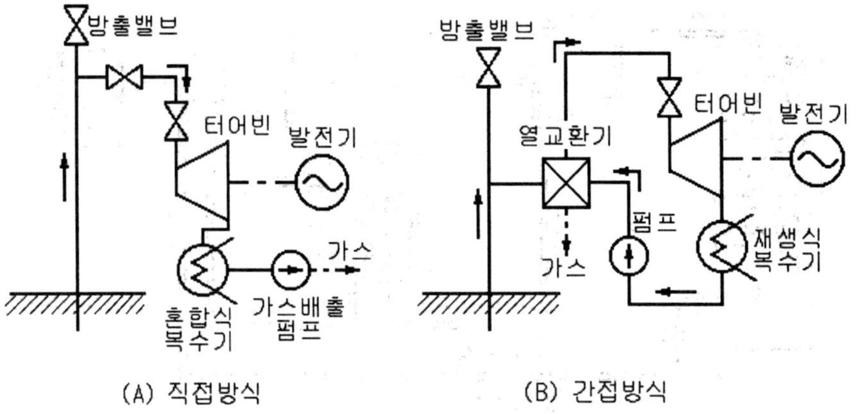

[그림 5-12] 천연증기이용 발전

직접방식은 증기에 함유된 불순물 때문에 계통의 설비가 부식될 우려가 있고 불응축성 가스로 인하여 터빈의 효율이 떨어지며 복수기에서는 이 가스를 배제하기 위하여 상당한 노력이 필요하다. 간접방식에서는 이러한 결점은 없어지나 열교환기를 거치기 때문에 비용이 추가되고 열효율도 떨어지는 문제가 있다.

증기에 포함된 불순물에 필요한 원소 등이 섞여있을 경우에는 발전에 사용한 증기에서 그 원소 등을 채취하기도 한다. 실제로 이탈리아의 경우 평균 0.3[%]의 붕산이 증기에 함유되어 있어 그것을 채취하고 있다.

(2) 열수(熱水)이용발전

지하에서 대기압(大氣壓) 이상의 압력을 가진 뜨거운 물(열수)을 끌어내어 탱크(플래쉬탱크 : flash tank)에서 물과 증기를 분리하여 증기 중에 함유된 불순물이 비교적 적은 증기를 저압의 포화증기로 하여 터빈에 공급하는 방식이다. 이 방식은 열수의 일부를 증발시키기 때문에 증기의 압력과 온도가 떨어지고 열효율도 낮을 뿐만 아니라 열수의 일부만이 증기로 이용되는 결점이 있다. [그림 5-13]은 열수의 열 이용의 계통도이다.

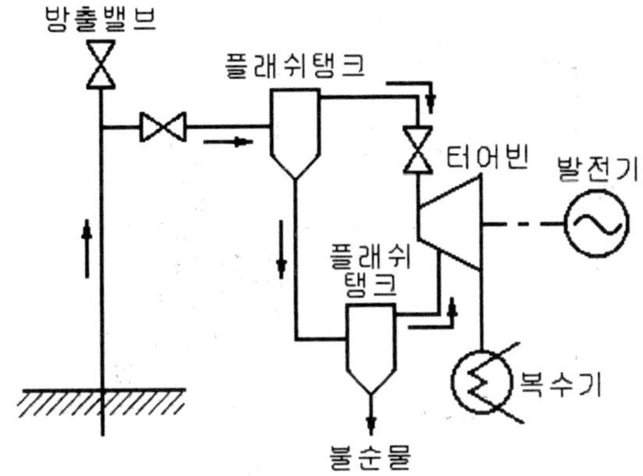

[그림 5 - 13] 열수의 열이용 계통도

5.6.3 직접발전(直接發電)

터빈이나 발전기 같은 회전기를 사용하지 않고 열에너지로부터 직접 전기에너지를 얻는 방식을 일컫는다. 이 방식은 회전기가 없으므로 구조가 간단하고 열효율이 높아질 수 있다.

(1) MHD(Magneto Hydro Dynamic generation) 발전

자계 중에 고온의 도전성 가스유체를 고속으로 통과시키면 파라데이의 전자유도작용이 일어난다. 따라서 가스유체의 도전성만 높일 수 있으면 열에너지로부터 직접 전기에너지를 얻을 수 있다. 이 방식의 발전을 MHD 발전이라 한다. [그림 5-14]는 그 원리를 나타낸 것이다.

이때 단자전압을 V, 전류를 I라 하면 다음 식과 같은 전력 P를 얻을 수 있다.

$$P = VI = k\,B^2\,v^2 \qquad (5\text{-}3)$$

여기서 k는 기체의 도전율에 비례하는 정수이고, B는 자속밀도, v는 기체의 유속이다.

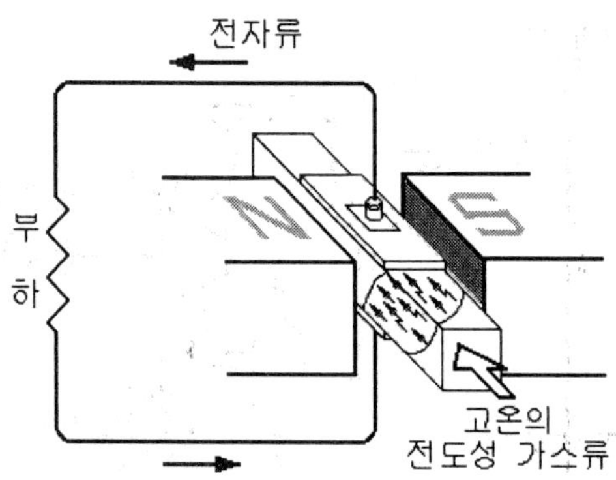

[그림 5 - 14] MHD 발전의 원리

따라서 발전기의 출력을 크게 하기 위해서는 자속밀도와 기체의 유속과 도전율을 크게 해야한다. 자속밀도를 크게 하는 데는 문제가 없으나 기체의 유속과 도전율을 동시에 높이는 데는 문제가 많다.

예를 들어 도전율을 높이기 위해 유체로 수은 같은 액체금속을 사용하면 유속이 저하하고, 유속을 높이기 위해 기체를 사용하면 도전율이 떨어진다.

(2) 열전자발전(熱電子發電)

음극(에미터)을 고온으로(열음극 : 1000～2000[℃]) 하고 양극(컬렉터)을 저온으로(냉양극) 하여 진공이나 저압의 세슘 가스 중에 놓으면 2극 진공관과 같이 전류가 흐른다. 이 방식은 음극으로부터 열전자가 방출되므로 열전자발전이라 한다. 열효율은 음극의 온도가 증가하면 지수 함수적으로 증가하여 1100[℃] 정도에서 25～30[%] 정도이다.

(3) 열전기발전(熱電氣發電 : thermo electric generation)

양끝을 접합한 서로 다른 종류의 금속에서 양쪽 접합점의 온도차가 생기면 그 온도차에 의해서 기전력이 생기고 전류도 흐르게 된다. 이를 제벡(seebeck)효과라 하는데, 이를 이용하는 열전대와 같은 원리로 최근에는 반도체를 열전요소로 이용하여 전력을 발생한다. 열전자발전에 비해 온도가 낮아도 좋으나 열효율은 상당히 낮다.

(4) 연료전지(燃料電池)

일반적으로 화학반응에 의해 전기에너지를 발생하는 것을 電池라 한다. 연료전지(fuel-cell)도 축전지나 건전지처럼 화학전지와 원리적으로는 다른 것이 없다. 그러나 일반 전지는 전지내의 화학반응 물질을 다 소모하면 외부로부터 충전하거나 버리는데 반해 연료전지는 외부로부터 연료와 산화제를 공급함으로써 연속적으로 직류를 발생시킬 수 있다. 이는 연료가 가지고 있는 에너지를 직접 전기에너지로 바꾸는 것이다.

이 원리의 발견은 1839년 영국의 그로브가 수소와 산소와의 반응 중에 발견하였고 실제로 전지를 만들어 보았다고 한다. 이의 실용화는 1965년 미국의 우주선 제미니 5호에 인간의 위생실험을 목적으로 탑재하여 우주선 내에 전력과 음료수를 충당한 이후에 갑자기 각광을 받게 되었다.

연료전지에는 여러 종류가 있는데, 연료로 기체, 액체, 고체 중 어느 것을 사용하는가에 따라 그 방식도 여러 가지이고, 반응온도도 상온에서부터 500[℃] 이상인 것까지 다양하다. [그림 5-15]는 가장 기본적인 250[℃] 이하의 저온 수소-산소 연료전지의 구조이다.

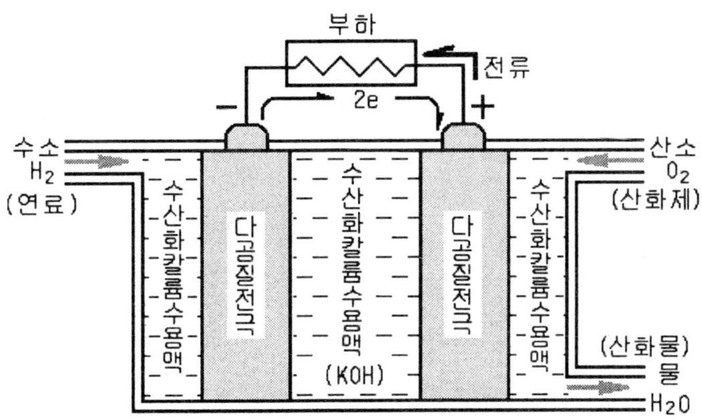

[그림 5 - 15] 수소 - 산소 연료전지의 구조

전극으로는 양쪽 극 모두 탄소 또는 금속을 사용하고 전극의 표면적을 크게 하기 위하여 다공질(多孔質)을 사용하고 있다. 전해액은 수산화칼륨(KOH : 가성칼리) 용액을 사용한다. 전지의 극성은 연료인 수소가 들어가는 쪽이 음극이며, 산화제인 산소가 들어가는 쪽이 양극이다. 음극 쪽으로 들어가는 수소는 1～10기압의 압력으로 보내진다.

음극에서는 전극이 촉매작용을 해서 수소분자(H_2)가 수소원자인 H로 변환된다. 그러면 전해액 속의 수산이온(OH^-)이 전자를 전극에 주고 OH가 되어 H와 결합하여 물(H_2O)이 된다.

양극에서는 산소분자(O_2)가 전자를 받아 다시 전극의 촉매작용으로 전해액 속의 물(H_2O)과 결합해서 수산이온(OH^-)을 만든다. 그러므로 수산이온(OH^-)은 증가도 감소도 하지 않고 다만, 수소와 산소의 결합으로 물(H_2O)이 생성되지만 이것을 제거하면 전지는 계속해서 전기를 생산할 수 있는 것이다. 이는 마치 수소와 산소의 결합으로 물이 되는 변화와 마찬가지이므로 연료전지라고 부르게 된 것이다.

연료전지는 이미 전기자동차의 에너지원으로 사용되어 실험이 거의 끝났고 시제품도 완성되었다. 전기자동차는 현재 시속 100[km/h]의 속력을 낼 수 있고 머지않아 양산하여 수출할 전망이다.

제 6 장

전기의 응용

우리는 평소에 전기를 의식하지 않고 살고 있다. 그러나 현대문명사회는 전기 없이는 그 틀조차 유지하지 못하는 것이 사실이다. 제5장에서는 실생활에서 전기를 어느 곳에서 어떻게 사용하고 있는가에 대해서 몇 부분으로 크게 나누어 살펴보기로 한다.

6.1 조명

빛이 없으면 우리는 아무 것도 볼 수 없다. 자연계에 존재하는 전자파(電磁波) 형태로 전달되는 모든 에너지를 복사(輻射) 혹은 방사(放射)라 한다.

그 중에서 사람의 눈이 감지하여 밝게 느끼는 것을 빛이라고 한다. 이렇게 빛으로 느낄 수 있는 범위의 것을 가시광선(可視光線)이라 하는데 이 가시광선의 범위는 무척 좁아서 파장이 겨우 3800[Å]~7600[Å][1] 사이의 것만이 이에 해당한다. 이는 자연계에 존재하는 전자파의 파장을 0.0001[Å]보다 짧은 우주선에서부터 3×10^{14}[Å] 정도의 라디오 전파까지만 생각하더라도 굉장히 좁은 범위라는 것을 알 수 있다.

[그림 6-1]은 가시광선의 파장에 따른 빛과 부근전자파의 파장과 효과를 나타낸 것이다.

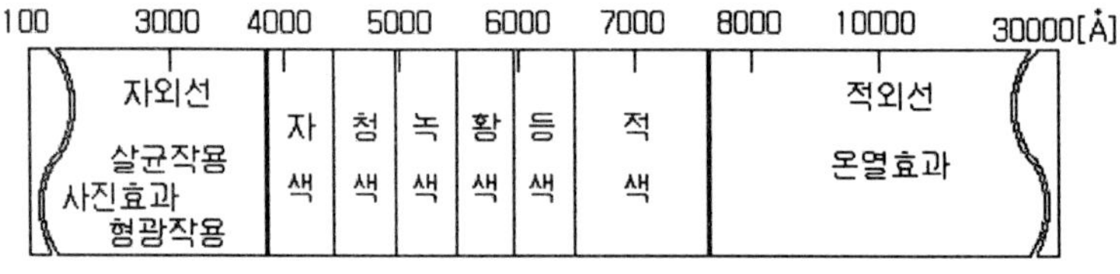

[그림 6-1] 가시광선 부근의 전자파

물체가 보인다는 것은 다음과 같은 4가지 조건이 큰 영향을 미치고 있으며 이것을 조명의 4가지 요소라 한다.

① 밝음 - 빛이 충분하지 않으면 물체를 볼 수 없을뿐더러 보인다하더라도 색의 구별이 불가능하다. 우리 눈의 망막에는 추상체(cone)와 간상체(rod)가 분포하고 있는데, 추상체는 밝은 곳에서 동작하여 밝음과 색감을 감지하며, 간상체는 0.03[lx] 이하의 어두운 곳에서 동작하여 밝고 어두운 것만을 느낀다.

② 물체의 크기 - 밝기가 충분히 확보되더라도 물체의 크기가 작다면 볼 수 없다. 여기서 물체의 크기라 함은 물체의 치수가 아니고 시각(視角 : 눈을 정점으로 물체의 위와 아래를 잇는 두 선이 이루는 각도)의 크기를 말하는 것이다.

③ 대비 - 우리가 보려고 하는 물체와 배경의 밝음에 대한 비가 약하면 눈에 잘 보이지 않는다. 즉, 눈 위에 있는 밀가루와 숯가루를 보는 경우를 생각하면 쉽게 이해가 될 것이다.

④ 시간(혹은 속도) - 물체가 눈에 들어오는 시간이 너무 짧으면 정확히 볼 수 없다. 그러므로 물체가 시선에 노출되어 있는 시간 또한 물체의 보임에 중요한 요소이다.

1) 1[Å]은 10^{-10}[m]이다. [nm]=[mμ]=10^{-9}[m], [μ]=10^{-6}[m].

6.1.1 측광량

빛에 대한 양(量)을 이야기하고 측정하는데는 몇 가지 항목이 있다. 그들에 대해서 간단히 살펴본다.

(1) 복사속(輻射束 : radiant flux)

방사속(放射束)이라고도 하며 에너지복사의 시간적 비율, 즉 단위시간에 어떤 면을 통과하는 복사에너지의 양이며 단위로는 와트(watt : [W])를 사용한다.

(2) 광속(光束 : luminous flux)

가시광선의 복사속을 눈이 느끼는 감도를 기준으로 하여 측정한 것을 광속이라 하며 단위로는 루우멘(lumen : [lm])을 사용한다.

(3) 광도(光度 : luminous intensity)

광원의 크기가 그것을 바라보는 거리에 비해서 매우 작을 때(일반적으로 광원 크기의 10배 이상의 거리에서 바라볼 때) 이 광원을 점광원(point source)이라 하며, 광속은 [그림 6-2]처럼 한 점에서 모든 방향으로 직선적으로 발산한다고 볼 수 있다.

점광원을 꼭지점으로 하는 원뿔의 입체각(立體角) 내의 광속 F는 원뿔의 입체각 ω[2]가 작은 경우에는 그 입체각에 비례하는데 이 비례상수, 즉 어느 방향에 대한 발산광속의 입체각 밀도를 그 방향의 광도라 하고, 이를 I라 하면 식 (6-1)과 같이 표현된다.

$$I = \frac{F}{\omega}[cd] \quad F = \omega I [lm] \qquad (6\text{-}1)$$

다시 말하면 광도는 점광원이라고 볼 수 있는 광원에 의한 측광량으로 단위는 칸델라(candela : [cd])를 사용한다.

---

2) 점광원의 입체각 $\omega = 4\pi$[sr], 면광원 $\omega = \pi$[sr], 선(線)광원 $\omega = \pi^2$[sr].

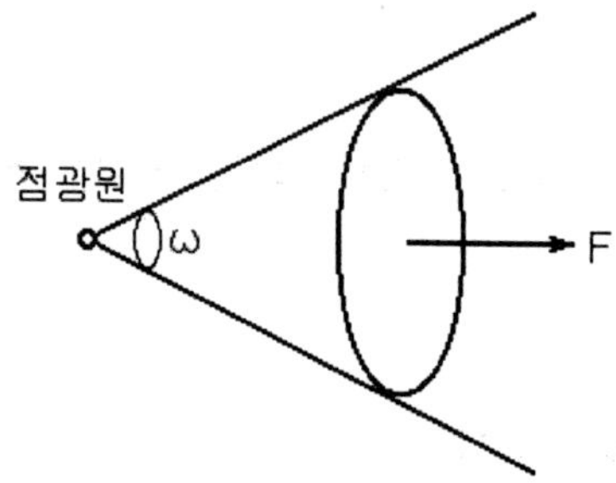

[그림 6 - 2] 광도

(4) 조도(照度 : illumination)

조도는 어떤 면에 들어오는 광속의 밀도를 말하며, 단위로는 룩스(lux : [lx])를 사용한다.

지금 피조면의 면적을 A[m²], 입사광속을 Fi[lm]이라 하면 이 면의 평균조도 E는 식 (6-2)와 같다.

$$E = \frac{F_i}{A}[lx] \qquad (6\text{-}2)$$

또 광도 I[cd]인 균등 점광원을 반지름 r[m]인 구의 중심에 놓을 경우 구면 위의 모든 점의 조도는 E[lx]로 같을 것이다.

$$E = \frac{F}{A} = \frac{4\pi I}{4\pi r^2} = \frac{I}{r^2}[lx] \qquad (6\text{-}3)$$

즉, 구면상의 조도는 광원의 광도에 비례하고 거리의 제곱에 반비례한다는 관계를 얻을 수 있다. 그러므로 어떤 점광원의 어느 방향의 광도가 I[cd]일 때 r[m] 떨어져있는 빛의 방향과 수직인 면상의 조도를 E_n이라 하면

$$E_n = \frac{I}{r^2}[lx] \qquad (6\text{-}4)$$

식 (6-4)와 같이 되며 이를 조도의 거리 역 제곱의 법칙이라 하여 조명에서의 기

본법칙 중의 하나이다. 그러나 광원이 점광원이 아니고 거리가 짧은 경우에는 성립하지 않는다.

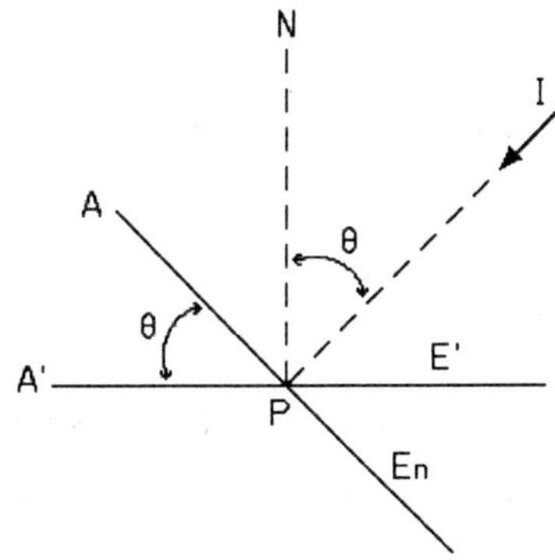

[그림 6 - 3] 입사각 여현의 법칙

식 (6-2)는 피조면 A에 광속이 수직으로 입사할 때의 경우이다. 그러나 [그림 6-3]과 같이 입사광속과 면의 법선이 각 θ를 이루고있는 경우는 피조면 A'의 면적은 $A' = \frac{A}{\cos\theta}[m^2]$이며, 이 면 전체에 균등하게 광속 F[lm]이 입사하므로 A'면 위의 조도 E'는 다음과 같다.

$$E' = \frac{F}{A'} = \frac{F}{\frac{A}{\cos\theta}} = E_n \cos\theta = \frac{I}{r^2}\cos\theta[lx] \qquad (6\text{-}5)$$

식 (6-5)는 어떤 면 위의 임의의 한 점의 조도는 광원의 광도 및 입사각 θ의 cosine에 비례하고 거리 제곱에 반비례함을 의미하는 것으로 입사각여현(코사인)의 법칙이라 한다.

예제 6-1 [그림 6-4]와 같이 간판을 비추는 광원 L이 있다. 간판 면 위 P점의 조도를 150[lx]로 하기 위한 광원의 광도를 구하시오. 단, P점은 광원 L을 포함하고 간판에 직각인 평면 위에 있으며, 간판의 기울기는 직선 LP와 30도이고 LP의 거리는 1[m]이다.

풀이 P점에서 간판에 법선인 PN과 LP가 이루는 각이 60도이므로

$E = \frac{I}{r^2} \cos\theta$ 에서

$$I = \frac{E \times r^2}{\cos\theta} = \frac{150}{\cos 60^\circ} = \frac{150}{0.5} = 300[cd].$$

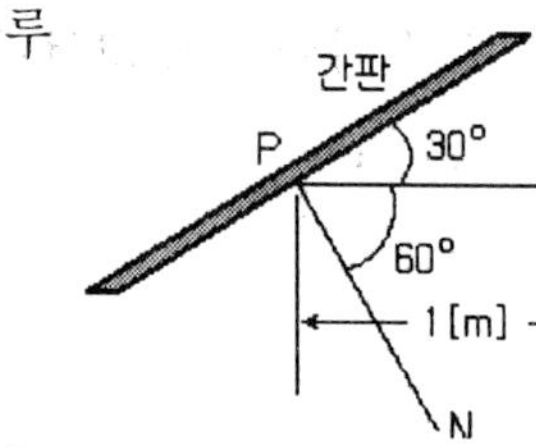

[그림 6-4]

(5) 휘도(輝度 : luminance)

광원의 빛나는 정도를 휘도라 하며, [그림 6-5]에서처럼 어느 면 A의 θ 방향의 휘도 B_θ는 면 A의 θ 방향에서의 광도 $I\theta$를 면 A를 바라본 방향 쪽의 투영면적(投影面積 : 단면적) $A' = A\cos\theta$로 나눈 값, 즉 광도의 밀도를 말한다.

이 휘도가 너무 높으면 눈이 부셔서 불쾌감을 느끼게되기 때문에 주의해야 한다.

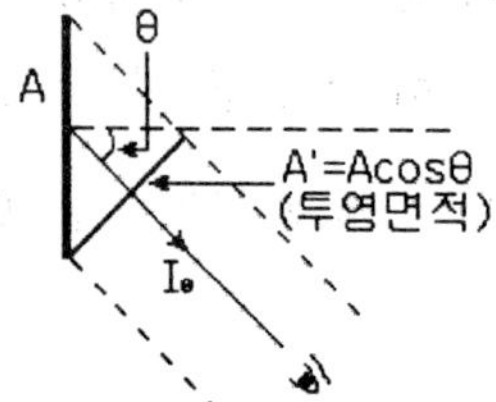

[그림 6-5] 휘도

단위로는 [cd/m^2], 또는 [cd/cm^2]을 사용하지만 [cd/m^2]는 실용광원에 사용하기에는 그 값이 너무 크기 때문에 [cd/cm^2], 즉, 스틸브(stilb : [sb])를 실용단위로 쓰는 것이 편리하다.

$$B_\theta = \frac{I_\theta}{A'} = \frac{I_\theta}{A\cos\theta}[cd/m^2] \qquad (6\text{-}6)$$

휘도는 식 (6-6)에서 알 수 있듯이 눈에서 광원까지의 거리에는 관계가 없으나, 물체를 인식하고 구별하는 것은 이 휘도의 차이에 의한 것이다. 어떤 물체의 휘도가 모두 균일하면 그 물체는 모두가 평면으로 보인다.[3)]

예제 6-2 [그림 6-6]과 같이 지름 4[cm], 길이 1[m]인 형광등의 직각방향의 광도가 200[cd]이다. 이 형광등 표면 위의 휘도를 구하시오.

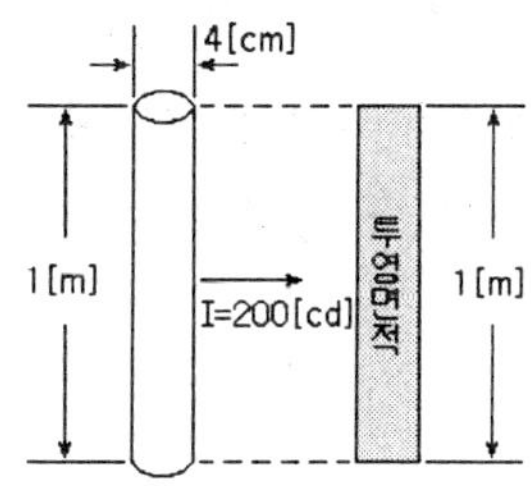

[그림 6-6]

풀이 광원의 투영면적은

$$A = 4 \times 100 = 400[\ cm^2],$$

$$\therefore\ B = \frac{I}{A} = \frac{200}{400} = 0.5[cd/\ cm^2].$$

(6) 광속발산도(光束發散度 : luminous emittance)

물체가 우리 눈에 보이는 것은 물체로부터 발산하는 광속이 눈에 들어오기 때문이며 물체가 보이는 정도는 눈의 방향으로 발산하는 광속밀도에 따라 다르다. 물체 표면의 단위면적에서 발산하는 광속밀도를 광속발산도라 한다. 단위로는 래드럭스(radlux : [rlx] = [lm/m^2])를 사용한다. 지금 어느 피조면의 면적을 A[m^2]이라 하고, 발산(반사)하는 광속을 F_r [lm]이라 하면 이 면의 광속발산도 R[rlx]은 다음 식과 같다.

$$R = \frac{F_r}{A}[\,rlx] \qquad (6\text{-}7)$$

또한 조도와 광속발산도의 관계를 살펴보면 반사율이 ρ 인 면의 조도가 E[lx]일 때 반사광속에 의한 이 면의 광속발산도 R_ρ 는 $\mathbf{R_\rho = \rho\, E}$**[rlx]**이며, 투과율이 τ 인 면의 광속발산도 R_τ 는 $\mathbf{R_\tau = {}_\tau E}$**[rlx]**이다.

이렇게 광속발산도는 조도와 단위의 차원에서 보면 같으나 조도는 어느 면에 받는 광속(면으로 들어오는 광속)의 밀도이고, 광속발산도는 어느 면에서 발산(반사)하는 광속의 밀도인 점이 다름을 알 수 있다. 쉽게 말해서 광원과 같은 거리에 있고, 같은 양의 빛(광속)이 들어오는 같은 크기의 흰색 종이와 검정색 종이는 조도

3) 휘도가 완전히 균일하면 모두가 완전한 평면으로 보인다. 그런 면을 완전확산면이라 부르며 완전확산면은 표면의 상태나 방향에 관계없이 평면으로 보인다.

는 같지만 광속발산도는 검정색 종이보다 흰색 종이가 더 크다.

완전확산면에서는 휘도 B[cd/m^2]와 광속발산도 R[lm/m^2]과의 사이에 다음과 같은 관계가 있다.

$$R = \pi B \tag{6-8}$$

6.1.2 전구(電球)

빛을 내는 방법에는 물체에 열을 가하여 온도를 높이는 방법과 열을 가하지 않고 빛을 내는 방법의 두 가지가 있다. 앞의 방법을 온도복사라 하고 뒤의 방법을 루미네센스(luminescence)라 하며 냉광(冷光)이라고도 한다.

온도복사로 빛을 내는 대표적인 것이 백열전구이다. 백열전구는 에디슨이 1879년 필라멘트를 대나무 숯으로 만든 전구를 발명하여 40시간 정도 점등에 성공한 이후로 발전을 거듭하여 오늘날에 이르렀고 그 구조는 [그림 6-7]과 같다. 백열전구에서 중요한 것들을 살펴본다.

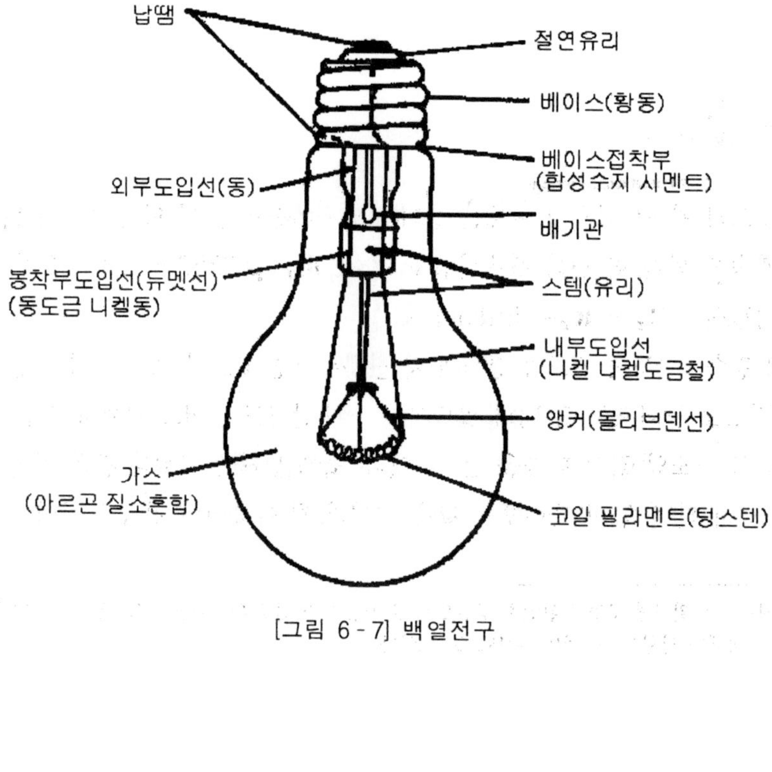

[그림 6 - 7] 백열전구

(1) 베이스(base)

전구를 전원에 접속하기 위하여 유리구에 접착시키는 부분으로 황동이나 알루미늄을 사용한다. 합성수지를 주성분으로 한 접착제로 유리구에 붙이며 고온에 견디어야 하고 주로 나사식이지만 경우에 따라서는 바이포스트식도 있다.

(2) 앵커(anchor)

필라멘트를 지지하기 위한 것으로 내열성, 내진성(耐震性)이 요구되며 보통 몰리브덴선을 사용하지만 때로는 텅스텐을 사용하기도 한다.

(3) 도입선(導入線 : lead-in wire)

전구의 도입선은 외부도입선, 봉착부도입선, 내부도입선으로 나눌 수 있으며, 그 각각에 대해서 살펴본다.

외부도입선은 동선을 사용하며, 내부도입선은 니켈을 사용하고, 봉착부도입선은 유리로 된 스템 부분을 밀착 관통하여 전류를 도입하는 것으로 팽창계수가 유리와 같아야 하기 때문에 철-니켈합금에 동을 피복한 듀밋선(dumet wire)을 사용한다.

(4) 게터(getter)

전구를 만들 때 진공펌프로 10^{-4}[mmHg] 정도로 공기를 빼내지만 남아있는 미량의 공기 중 산소에 의해서 고온의 필라멘트가 산화된다. 이를 막기 위하여 전구제조시 필라멘트에 발라놓는 약품을 게터(getter)라 한다.

30[W] 이하의 진공전구인 경우에는 적인(P)을 (자세히 말하면 적인(P)과 불화나트륨(NaF)을 에틸알코올에 녹여 아밀아세테이드에 녹인 니트로셀룰로오즈와 혼합한다) 필라멘트에 발라놓는다. 이렇게 하면 미량의 공기 중에 남아있는 산소와 먼저 결합하여 산소를 없앰과 동시에 진공도를 10^{-5}[mmHg] 정도까지 높일 수 있다.

일반적으로 40[W] 이상의 가스를 넣은 전구는 주로 질화바륨[$Ba(N_3)_2$]을 (자세히 이야기하면 질화바륨에 카올린($Al_2O_3 \cdot 2SiO_3 \cdot 2H_2O$)을 혼합하여 물에 탄 것) 게터로 사용한다.

(5) 가스 넣은 전구(가스入 電球)

진공전구에서는 필라멘트가 고온이므로 장시간 점등하면 텅스텐 분자가 증발하여 유리구에 달라붙어 뿌옇게 흐려지는 현상이 생긴다. 이는 빛이 나오는 것을 방해하게 되고, 필라멘트가 가늘어져서 효율도 떨어짐은 물론 수명도 짧아진다. 이를 방지하기 위하여 고온에서 텅스텐과 화합하지 않는 불활성가스를 봉입하여 공기압력을 높이면 텅스텐의 증발을 막을 수 있기 때문에 일반적으로 40[W] 이상의 전구는 진공으로 하지 않고 가스를 넣는다. 200[V]용 전구에는 아르곤과 질소를 절반씩 섞어서 봉입하며, 그 압력은 평상시에 600[mmHg](½～¾기압) 정도로 하여 점등 시에는 1기압이 되도록 한다.

이렇게 가스의 압력에 제한을 두는 이유는 가스에 의한 필라멘트의 열 손실(이를 가스손이라 한다)이 있기 때문이며 가스손[4](損)을 줄이기 위해서는 원자번호가 큰 불활성가스를 넣으면 좋지만 값이 비싸기 때문에 질소와 아르곤을 넣는 것이다.(He → Ar → Kr → Xe 의 순서로 발광효율이 좋아진다)

가스입 전구는 가스손이 있음에도 불구하고 진공전구에 비해 효율이 높고, 보통 코일필라멘트보다 2중 코일필라멘트가 효율이 더 높다.

6.1.3 형광등(螢光燈 : fluorescent lamp)

(1) 발광(發光)

형광등은 장시간 점등 후 만져보아도 뜨겁지 않다. 그 이유는 열에 의하지 않는 발광이기 때문이며, 이렇게 온도복사 이외의 발광(發光)은 루미네센스에 속한다.

루미네센스 발광은 어떤 자극이 필요하며 자극의 종류에 따라 여러 가지 루미네센스로 구별한다. 주위에서 흔히 볼 수 있는 것들의 예를 들면 전기 루미네센스(네온관, 수은등), 복사 루미네센스(형광등), 음극선 루미네센스(오실로스코프, 브라운관), 생물 루미네센스(개똥벌레, 야광충), 마찰 루미네센스(부싯돌) 등이 있다.

---

4) 가스손은 가스가 대류작용에 의해 필라멘트의 열을 전구의 유리에 전달하여 필라멘트의 온도를 떨어뜨려서 광속을 저하시키는 것이다.

형광등은 저압수은등의 관벽에 형광물질을 발라서 그 형광물질을 자외선이 자극하여 형광이 발산하도록 한 방전등의 일종이다. 즉, 가시광선보다 파장이 짧은 자외선이 형광물질을 자극하여 자외선보다 파장이 긴 가시광선이 나오는 것이다. 이는 **자극 후에 나오는 파장(發起波長)이 자극하는 파장(勵起波長)보다 길다**는 스토오크의 법칙(Stock's law)에 부합되는 것이다.

(2) 살균등(殺菌燈)

저압수은등은 수은증기를 $10^{-3} \sim 10^{-1}$[mmHg] 정도의 압력으로 넣은 것으로 파장이 253.7[nm](2537[Å])인 자외선이 90[%] 이상 나온다. 그러므로 살균등으로 사용한다. 살균효과는 파장 260[nm] 부근이 가장 효과적이기 때문에 대단히 좋은 살균작용을 한다. 그러나 보통유리는 파장 253.7[nm] 자외선을 흡수하기 때문에 살균등의 관은 석영이나 자외선 투과유리로 해야된다. 또한 이 파장은 사람 눈에 유해하므로 빛이 직접 눈에 들어오지 않도록 시설해야 한다.

(3) 광색(光色)

형광등은 유리관의 내벽에 바르는 형광물질의 종류에 따라 여러 가지 색깔의 빛을 얻을 수 있다. 한국공업규격(K.S)에서는 주광색(晝光色 : day light ; D)과 백색(白色 : white ; W)으로 구별하고 있으며 두 색을 비교해 보면 주광색은 백색에 비해 푸르게 보이고 백색은 백열전구와 같이 황색으로 보인다. 주광색과 백색 이외에도 냉백색(CW), 온백색(WW), 연백색(SW), 청색(B), 녹색(G), 금색(GO), 분홍색(PK), 적색(R) 등이 있다. 근래에는 천연 주광색, 천연 백색이라는 것이 있으며, 천연색(deluxe)이라는 것은 일반 주광색이나 백색보다 적색계통을 강하게 하여 연색성을 높인 것이다.

(4) 점등(點燈)

형광등의 점등에는 일반적으로 약간의 시간이 걸린다. 이렇게 시간이 걸리는 이유와 어떻게 해서 불이 켜지는지 [그림 6-8]의 형광등회로를 통해서 살펴본다.

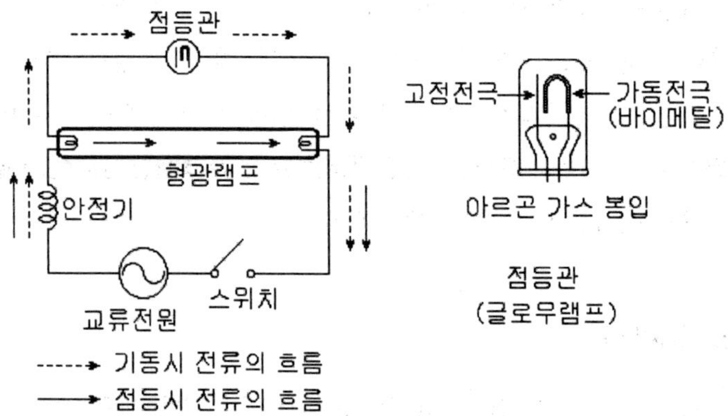

[그림 6 - 8] 형광등회로와 점등관

스위치를 닫으면 점선화살표를 따라 전류가 흘러 전원전압이 점등관의 양쪽 전극에 걸리게되고 그 전압에 의해서 점등관 내에서 글로우 방전이 시작된다. 점등관이 방전하면 전극에 열이 발생하므로 1~2초 사이에 가동전극의 바이메탈이 펴지면서 고정전극에 닿아 단락 된다. 이때 회로에 기동전류가 흘러서 형광램프의 양쪽 필라멘트를 가열한다. 점등관이 단락 되면 글로우 방전이 정지되므로 열의 발생은 없어지고 바이메탈은 원형으로 되돌아가면서 접점이 열린다. 그 순간에 안정기의 쵸크코일(choke coil)내에 $L\frac{di}{dt}[V]$의 기전력, 즉 인덕션 킥(induction kick)이 유기 되어 형광램프에서 주방전이 시작되어 점등이 된다. 형광램프에 전류가 흐르면 단자전압은 60~70[V]로 떨어지므로 점등관은 동작하지 않는다.

(5) 특성(特性)

전압특성 - 형광등은 정격전압의 ±6[%] 이상 차이가 나면 수명이 짧아진다. 그 이유는 전압이 높아지면 d필라멘트가 고온으로 되기 때문이고, 전압이 낮아지면 기동시간이 길어져 필라멘트에 나쁜 영향을 주기 때문이다.

온도특성 - 형광등은 주위온도가 20~25[℃]일 때 형광램프의 관벽온도가 가장 적정한 40~45[℃]가 되도록 설계되어 있다. 그러므로 온도가 10[℃] 이하로 떨어지면 광속이 급격히 떨어지고 방전개시 전압도 높아지므로 점등하기 힘들게 되며, 35[℃] 이상 되면 방전개시는 용이하나 광속이 감소하여 어두워진다.

흑화현상(黑化現象) - 형광등을 사용할 때 안정기가 좋지 않거나 점등회수가 많거나, 혹은 전압의 변동이 심한 경우에는 형광등에 나쁜 영향을 끼치게 된다. 형광램프의 양단에 검은 점이나 띠가 생기는 흑화현상은 다음과 같이 분류할 수 있다.

① 전극에서 5[cm] 정도의 곳에 고리모양의 흑화가 나타나는 것은 오랜 시간 사용하여 나타나는 것으로 특성에는 별로 영향을 주지 않는다.
② 베이스 가까운 부분에 짙은 반점의 흑화는 기동전류 또는 점등시의 전류가 과다한 경우에 나타나는 현상이다.
③ 형광램프의 끝 부분에 넓게 나타나는 흑화는 수명 말기에 생기며 필라멘트 표면의 바륨이 비산(飛散)되어서 관의 내벽에 부착한 것이다.

6.2 전기철도(電氣鐵道 : electric railway)

우리 나라 철도법에 의하면 철도(railway or railroad)란 "철로 된 궤도를 부설하고 그 위에 차량을 운전하여 여객과 화물을 운송하는 설비를 말한다"라고 되어있다. 그러므로 전기철도란 "전기를 동력원으로 하는 기관차를 철도로 운행하는 것"이라고 할 수 있다.

6.2.1 전기철도의 역사

철도의 시작은 증기기관차로서 1829년 영국의 스티븐슨(G. Stephenson)에 의해서 실용화되었으며 전기철도는 1834년 미국의 다벤포오트(Tomas Davenport)가 전지에 의한 모형을 만들면서 비롯하여 1879년 독일의 지멘스 하르스케(Siemens und Halske)사에서 베를린에서 열린 산업박람회에 출품한 제3궤조 방식의 직류전기 기관차가 최초이고, 상용화는 같은 회사에 의해서 1881년 베를린시 부근의 리히테르페르데(Lichterfelde)에 역시 제3궤조 방식의 시가전차영업을 시작한 것이 최초이다.

우리 나라는 1898년 미국인인 콜블렌(H. Collblen)과 보스트위크(H. D. Bostwick)가 당시 대한제국(1897～1910)의 고종황제로부터 특허를 받아 서대문에서 동대문까지의 구간에 노면전차(DC 600[V])를 시설하여 상업운전한 것이 전기철도의 효시이다.

이 노면전차는 발전을 거듭하여 영업거리 40.6[km], 보유차량 213대에까지 이르렀으나 서울 시내의 인구증가에 따른 시내버스의 등장과 교통혼잡으로 인하여 1968년 11월 30일 운행을 끝으로 폐지되었다.

그후 주로 산악지역을 중심으로 1927년 경원선 구간 중의 일부인 철원에서 내금강에 이르는 구간과 1937년 복계에서 고산간 등 전철화가 계속되었다. 또한 중앙선의 일부인 단양에서 풍기 사이도 1944년 전철화를 위해 착공하였으나 한국전쟁으로 중단되었다. 1963년 이후 경제개발 5개년 계획으로 산업물자의 수송을 위해 1973년 중앙선을 전철화한 데 이어 그 이듬해에는 태백선, 그 다음해에는 영동선(철암에서 북평간)을 전철화 하였다. 한편 서울을 중심으로 한 수도권 천철은 1974년 8월 15일 지하철 1호선 중의 지하서울역과 지하청량리역 사이 개통을 시작으로 2001년 현재 서울특별시 지하철 9개 노선을 포함하여 광역시(부산, 인천, 대구, 대전, 광주)에 도시 전철(지하철)이 운행되고 있거나 공사 중에 있다. 그리고 현재 서울과 부산 사이에 프랑스산 고속 전철인 TGV 건설이 한창이다.

일반적으로 고속 전철이라 함은 200[km/h] 이상의 속도를 낼 수 있는 전철을 일컫는다.

레일방식의 열차에는 레일 점착력의 한계(일반적으로 400[km/h] 이하로 보고있다)를 뛰어넘는 속도를 낼 수 없다는 것이 현재까지 공인된 이론이다. 현재 상업운전 최고속도는 TGV의 영국과 프랑스해협 선에서 300[km/h]로 운전하고 있다. 세계적으로는 앞으로 자기부상열차(磁氣浮上列車)의 상용화를 위해 연구와 실험을 계속하고 있다. 이처럼 전기철도는 고속, 대량수송의 시대에 주축이 될 교통기관으로 발전을 계속해 나갈 것으로 전망된다.

서울을 중심으로 한 수도권전철의 전기방식을 살펴보면 지상구간에서는 교류 25000[V]를 급전 받아서 직류로 정류하여 운전하며, 지하구간에서는 직류 1500[V]를 급전 받는 방식을 채택하고 있다.

6.2.2 선로(線路)

철도의 선로란 열차를 안전하게 운행하기 위한 설비로서 노반(路盤)과 궤도로 나눌 수 있다.

(1) 궤도(軌道 : track)

궤도는 레일(rail), 침목(枕木 : sleeper or tie), 도상(道床)의 3요소로 구성되어 있다.

레일 - 차량이 안전하게 운행될 수 있도록 유도하는 가이드(guide) 역할을 하며 안쪽으로 $\frac{1}{40}$ 기울여서 시설한다.

레일의 재료로는 일반적으로 탄소강을 사용하지만, 마모가 심한 곳이나 교환이 어려운 곳에는 망간이 3～11[%] 함유된 망간강과 같은 특수강이나 레일의 두부(頭部 : 열차 바퀴와 닿는 부분)를 열처리한 레일(소르바이트 레일)을 사용한다. 우리나라는 25[m] 길이의 레일을 표준으로 삼고있으나 레일의 연결부위는 열차바퀴에 의해 쉽게 마모되고, 승차감도 좋지 않으므로 여러 개의 레일을 현장에서 1500[m] 정도로 용접하여 시설하기도 한다. 또한 레일의 중량은 단위길이 당 무게로 표시하며 주로 30[kg], 50[kg], 60[kg]의 레일을 사용하고 있다. 레일의 연결부분은 보통 10[mm] 정도의 틈(유간 : 遊間)을 두어 온도차에 의한 신축에 대비하고 있다.

양쪽 레일 사이의 거리를 궤간(軌間)이라 하며 1435[mm]를 표준으로 하고 있다. 이보다 넓은 것을 광궤(廣軌), 좁은 것을 협궤(挾軌)라 한다.

침목 - 침목은 레일을 단단하게 고정시켜 열차의 하중을 도상에 분산시키는 역할을 한다. 옛날에는 밤나무나 회나무와 같은 단단한 나무를 사용하였으나 수명이 짧고 목재를 구하는데도 문제가 있어서 근래에는 PS콘크리트(prestressed concrete) 침목을 사용하고 있다. 이 PS콘크리트 침목은 나무 침목에 비해서 수명이 약 5배 정도로 길고, 레일의 고정도 단단하게 할 수 있는 등의 좋은 점이 있으나 무게가 무겁고, 보수할 때 파괴되기 쉬우며, 나무에 비해서 전기절연이 떨어지는 등의 단점이 있어서 침목과 레일 사이에 방진고무(gum bed)를 넣어 충격에 의한 침목의 파손 방지와 전기절연을 동시에 확보해야 한다.

도상 - 도상은 차량의 하중을 노반에 분산시켜서 전달하는 역할을 한다. 구성재료로는 지상구간의 경우 자갈도상이라 하여 자갈이나 쇄석(碎石)으로 이루어져 있어서 차량의 진동을 흡수하여 승차감을 좋게 할 뿐만 아니라 레일의 파상 마모를 방지하며 빗물의 배수나 잡초 등의 생육을 억제한다. 지하구간에는 콘크리트를 사용한다.

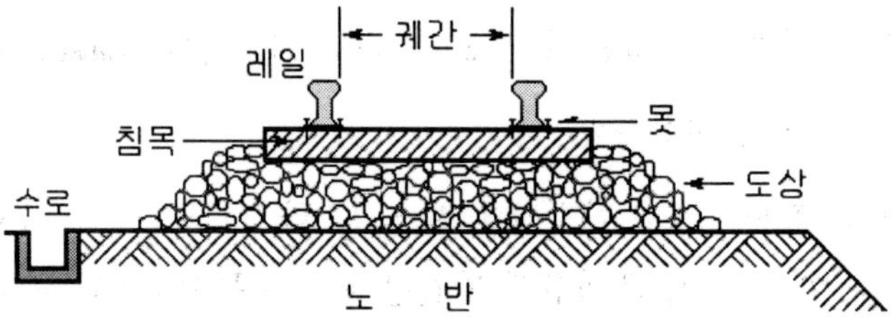

[그림 6-9] 선로횡단면의 예

(2) 노반(路盤)

궤도를 안전하게 지지해주는 하부 구조물로서 충분한 강도를 확보하고 있어야하며 도상 밑에는 워터포켓의 설치와 더불어 지하 배수관을 매설하여 물이 스며들어 약해지는 것을 철저히 방지해야 한다. 노반이 약해지면 열차의 운행에 의한 레일의 밀림 현상에 의해 레일이 휘는 등의 현상으로 열차가 탈선의 위험에 빠지게 된다.

6.2.3 곡선궤도 및 경사(구배 : 句配)

철도의 선로는 가급적 평탄한 직선으로 부설하는 것이 좋지만 지형에 따라 곡선이나 언덕을 오르게 되기도 한다. 이때 곡선이 너무 급하면 열차의 안정이 나빠지고, 심한 경우 탈선의 위험이 따르며, 언덕의 경사가 너무 가파르면 차량이 언덕을 올라가지 못하고 차륜(車輪 : 바퀴)이 공전(空轉)하거나 내려갈 때 차륜이 활주할

(미끄러질) 위험이 있다. 따라서 선로의 수송 조건에 따른 곡선이나 구배에 일정한 한도를 정하여 선로를 부설한다.

(1) 곡선(曲線)

곡선의 표시법

① 각도로 나타내는 방법

[그림 6-10]과 같이 현의 길이가 20[m](100피트)되는 중심 0에서 이루는 각도 θ로 표시한다.

② 반경으로 나타내는 방법

궤도가 원의 일부분과 일치하는 원의 반지름 R로 표시한다.

위의 ①②방법의 관계를 살펴본다. [그림 6-10]에서 중심각 θ가 1° 라고 하면 이에 대한 현의 길이는 20[m]이므로 원의 전체로 환산하면 360° ×20[m]이고, 반경 R인 원의 둘레는 2πR[m]이므로 $2\pi R = 360 \times 20$, 그러므로 R = 1146[m]라는 관계가 성립한다. 즉, $\theta = 1°$ 일 때 곡선의 반경은 R = 1146[m]이다.

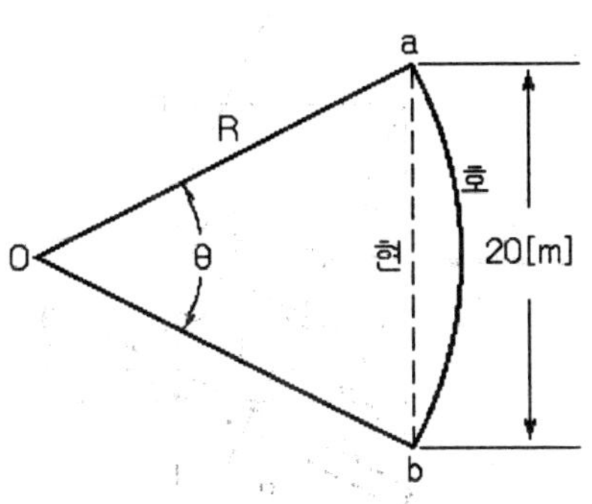

[그림 6 - 10] 곡선의 표시법

그리고 호 ab = 반지름×각도[rad]가 되므로 다음과 같은 식이 성립한다.

$$\text{호}\ ab : 2\pi R = \theta : 360 \tag{6-9}$$

즉, 호 ab ≒ 현 ab ≒ 20, 그러므로 $\theta = \frac{20 \times 360}{2\pi R} = \frac{1146}{R}$ [도].

$$\therefore R \fallingdotseq \frac{1146}{\theta} [m]. \tag{6-10}$$

곡선의 종류

① 단곡선(simple curve) - 곡선궤도가 반경이 일정한 1개의 원호로 나타낼 수 있는 곡선

② 완화곡선(transition curve) - 복심곡선(複心曲線)이라고도 하는 것으로 곡선궤도를 나타낼 때 2개 이상의 원호로 나타낼 수밖에 없어서 2개 이상의 반경으로 나타내야 하는 곡선(중심이 2개 이상이다)

③ 반향곡선(reverse curve or S curve) - S자 형태로 구부러진 곡선이다.

(2) 고도(高度 : cant)

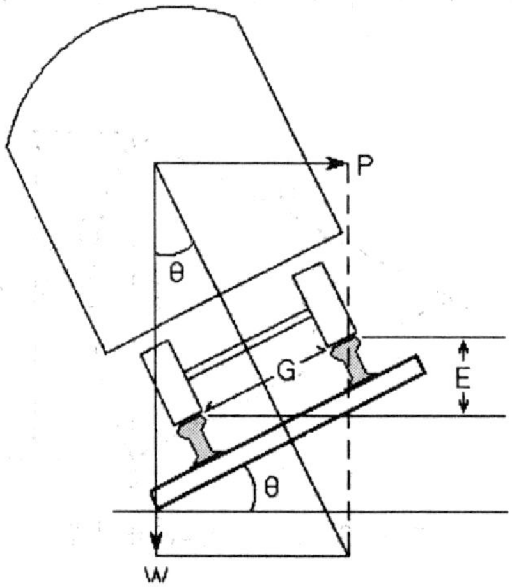

[그림 6 - 11] 고도(cant)

열차가 곡선궤도를 달릴 때 원심력에 의해서 바깥쪽으로 쏠리는 힘을 받게 되므로 곡선부분의 바깥쪽 레일을 안쪽 레일보다 어느 정도 높게 시설하여 원심력을

완화시킨다. 이 안쪽과 바깥쪽 레일의 높낮이 차(差)를 고도라 하며, 레일의 곡선반경과 열차의 속도 및 차량의 중량에 관계가 있다.

원심력을 P[kg], 레일의 곡선반경 R[m], 차량의 중량 W[kg], 속도를 V[km/h]라 하면 이들 사이의 관계는 다음과 같다.

$$P = \frac{W}{9.8R}\left(\frac{V \times 100}{3600}\right)^2 = \frac{WV^2}{127R}[kg] \qquad (6\text{-}11)$$

[그림 6-11]에서 알 수 있듯이 W와 P의 합성력이 레일에 수직이 되기 위해서는 $\tan\theta = \frac{P}{W}$인 관계가 있다. 안쪽 레일을 바깥쪽 레일보다 E[mm] 만큼 높게 설치하고 궤간을 G[mm]라 하면 $\frac{E}{G} = \frac{P}{W}$라고 놓아도 각도 θ가 작은 경우에는 지장이 없다. 그러므로 다음과 같은 식이 성립한다.

$$E = \frac{GV^2}{127R}[mm] \qquad (6\text{-}12)$$

따라서 곡선부분에서의 최대운전속도는 다음 식으로 표현된다.

$$V_m = \sqrt{\frac{127RE}{G}}[km/h] \qquad (5\text{-}13)$$

한편, 고도를 식(6-12)와 같이 두면 열차가 탈선할 위험은 없어지지만 곡선부분에서는 열차바퀴의 플랜지와 레일 사이에 심한 마찰이 생기므로 이것을 완화하기 위하여 궤간을 넓게 시설하여 횡압을 줄이고 있다. 이 넓게 시설한 너비를 슬랙(slack)이라 하며 곡선반경에 따라 차이가 있으나 간선철도에서는 30[mm]가 한도이다.

또한 고도의 경우도 간선철도의 경우 115[mm] 정도가 한도이다.

(3) 경사(grade or gradient)

경사를 나타내는 방법은 모두 같은 원리로 3가지가 있다.

① 분수 법(分數法) - [그림 6-12]에서 $\tan\theta = \frac{y}{x}$로 표시하는 법. 경사가 작을

때는 $\tan\theta \fallingdotseq \sin\theta$로 생각해도 된다.

② 백분율 법(percentage methode) - 분수 법으로 $\frac{1}{40}$인 경우 2.5[%]라고 표시하는 법.

③ 천분율 법(permillage methode) - 분수 법으로 $\frac{1}{40}$인 경우 25[‰]라고 표시하는 법.

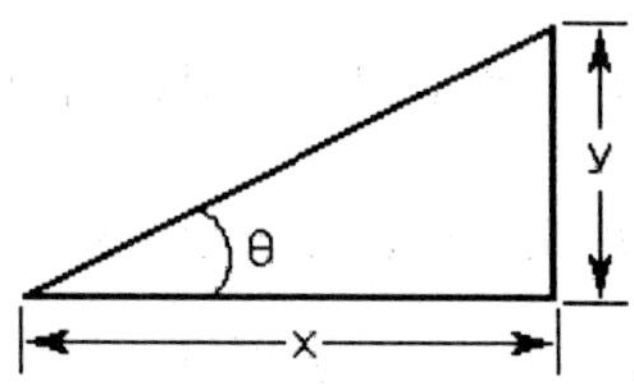

[그림 6 - 12] 경사의 표시법

경사의 한도는 간선철도의 경우 25[‰], 지방철도 35[‰], 노면철도 40[‰]로 하는 것이 일반적이다.

6.2.4 차량(車輛)

차량(rolling stock)이란 차체(車體 : car body)와 대차(臺車 : truck)를 포함하는 전체를 일컫는 말이다. 전기차의 경우 전동기를 대차틀에 장착하여 운행하고 있다. 전동기 대수는 보통 4대(1500[V])를 사용하고 전기기관차에는 4～8대 정도를 사용한다.

(1) 성능에 의한 분류

차량을 전동기의 유무 등의 성능에 따라 나누면 다음과 같다.

① 전기기관차(electric locomotive) - 전동기를 가지고 있으며 여러 대의 부수차를 견인하는 동력을 가진 차량이다.

② 전동차(motor car) - 전동기를 가지고 있으며 역시 동력을 가지고 있어 승객이나 화물을 실을 수 있는 차량이다.

③ 부수차(附隨車 : trailer car) - 전동기가 없는 차량으로 전기기관차나 전동차에 끌려서 움직이는 차량이다.

④ 제어차(control car) - 부수차와 같이 전동기가 없으나 제어기와 운전실이 있어서 동일열차의 전동차를 제어할 수 있는 차량이다.

(2) 대차의 종류에 의한 분류

[그림 6-13]과 같이 대차의 종류에 의한 차량의 분류는 다음과 같다.

① 4륜차(4-wheel car) - 단차(單車 : single truck car)라고도 하는 것으로 차축은 2개이며, 시가지 노면전차나 교통량이 적은 곳에 사용하였다.

② 보오기차(bogie car) - 가장 일반적이고, 가장 많이 사용하는 것이다.

③ 관절차(articulated car) - 2대의 차체가 1대의 대차에 붙어있는 것으로 두 차량을 분리할 수 없다.

이의 특징은 ㉠ 대차의 수를 줄일 수 있으므로 전체 중량이 경감되어 속도의 증가가 용이하다. ㉡ 보수비용이 절감되고 ㉢ 가격이 싸진다는 점 등이 있다.

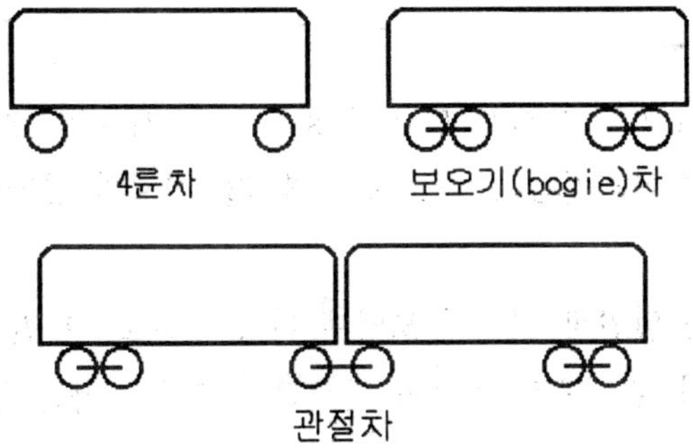

[그림 6 - 13] 대차의 종류에 따른 차량의 분류

6.2.5 열차운전 저항

열차저항은 열차운행시 저항으로 작용하는 것들의 총칭으로 이들을 분류하면 ① 주행저항, ② 출발저항, ③ 구배저항, ④ 곡선저항, ⑤ 가속저항 등이 있다. ①의 주행저항은 기계적 저항과 공기 저항으로 나눌 수 있다.

(1) 주행 저항

1) 기계적 저항

베어링 저항 - 베어링의 구조, 급유상태, 기름의 종류, 온도, 중량, 속도 등에 관계가 있으며, 겨울이 여름보다 약 20[%] 증가하고, 정지상태에서 제일 크다. 이 저항은 출발저항에 속하며 평베어링은 볼베어링에 비해 약 2배의 저항 값을 갖는다.

궤도 저항 - ① 레일의 곡선부분이나 차량의 진동에 의한 저항, ② 레일과 차륜 사이의 회전마찰저항으로 접촉부의 변형이나 레일 표면이 매끄럽지 않아서 생기는 것으로 주로 중량의 영향을 받는다. ③ 차량이 좌우로 흔들리면 레일과 차륜이 마찰하기 때문에 생기는 저항으로 중량과 속도에 관계가 있다.

이처럼 기계적 저항은 차량의 중량과 속도에 관계가 있다.

2) 공기 저항

열차가 운행할 때 공기에 의해서 받는 저항으로 ① 차량의 앞면에서 받는 풍압, ② 차량의 뒷면에 생기는 진공에 의한 흡인력, ③ 옆면의 공기마찰에 의한 저항 등이 있다.

이들 중 ①과 ②는 앞면과 뒷면의 모양에 따라 다르고 그 면적에 비례하며, 속도의 제곱에 비례한다. 단적으로 차량의 앞뒷면의 모양에 따른 공기저항을 비교하면 [그림 6-14]와 같다.

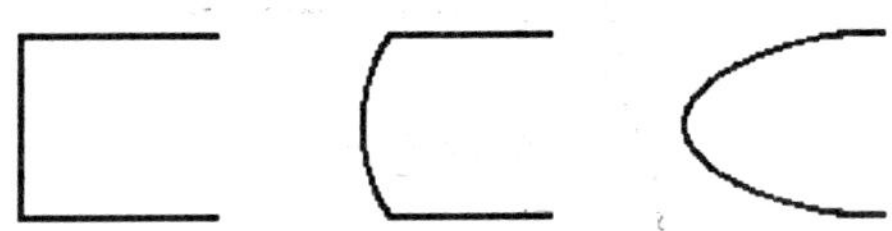

[그림 6 - 14] 차량의 끝모양에 따른 공기 저항

일반적으로 열차는 길이가 길기 때문에 옆면저항도 고려해야 하지만 저속에서는 길이에 큰 영향은 없다. 그러나 100[km/h] 이상의 고속에서는 공기저항이 많이 증가한다.

(2) 출발 저항

베어링부분이나 기어 등에 친 기름의 피막은 열차가 10[km/h] 이상 되어야 형성되므로 처음 기동할 때는 금속끼리의 마찰로 저항이 매우 크다. 기름의 피막이 생긴 뒤에는 저항이 대체로 일정하지만 정차시간이나 기온에 따라 달라진다. 일반적으로 차량의 종류에 따라 다음 값을 적용하고 있다.

① 전기기관차 : 10 [kg/ton]
② 전동차 : 8 [kg/t]
③ 객차(客車) : 6 [kg/t]
④ 화차(貨車) : 5 [kg/t]

(3) 곡선 저항

곡선 저항을 열차의 중량에만 관계가 있는 것으로 보면 다음 식과 같다.

$$f_c = \frac{600 \sim 800}{R} [kg/t] \qquad (6\text{-}14)$$

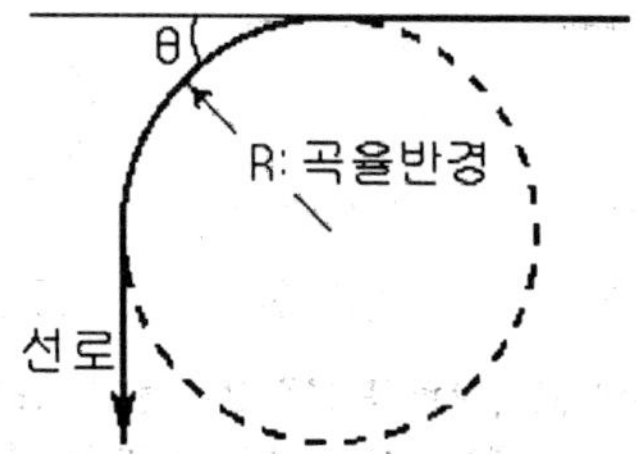

[그림 6 - 15] 곡선 저항

(4) 경사 저항(구배 저항)

W[t]의 차량이 경사각도 θ의 언덕을 오르려면 [그림 6-16]과 같이 W$\sin\theta$[t]의 힘이 필요하다. 또 $\sin\theta$를 천분율로 나타내어 $m = \sin\theta \times 1000$[‰]라 하면 $W\sin\theta = W\frac{m}{1000}[t]$이 된다.

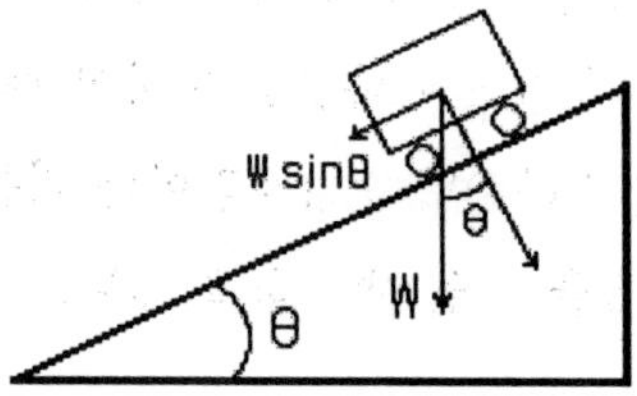

[그림 6 - 16] 경사 저항

경사 저항을 [kg]으로 나타내려면 이 식에 1000을 곱하여 다음과 같은 식이 된다.

$$f_g = m[kg/t], \text{ 혹은 } F_g = mW[kg] \qquad (6\text{-}15)$$

6.2.6 열차의 운전

열차의 운전은 최소한 6.2.5절에서 이야기한 모든 저항들의 합과 같은 힘으로 견인해야만 비로소 가능해진다. 그렇다고 해서 기동할 때(출발할 때) 너무 큰 힘으로 끌어당기면(열차바퀴를 돌리면) 바퀴가 그 자리에서 공전할 뿐 열차가 나아가지는 않는다. 그러므로 열차를 견인할 때 바퀴에 가할 수 있는 최대의 힘, 즉 최대견인력이라는 것이 있다.

(1) 최대견인력(最大牽引力)과 점착력(粘着力)

점착계수 μ 및 차륜에 걸리는 중량 W_a와 최대견인력 T_m과의 관계는 [그림 5-17]과 같이 다음 식으로 표현된다.

$$T_m = \mu W_a [t] \qquad (6\text{-}16)$$

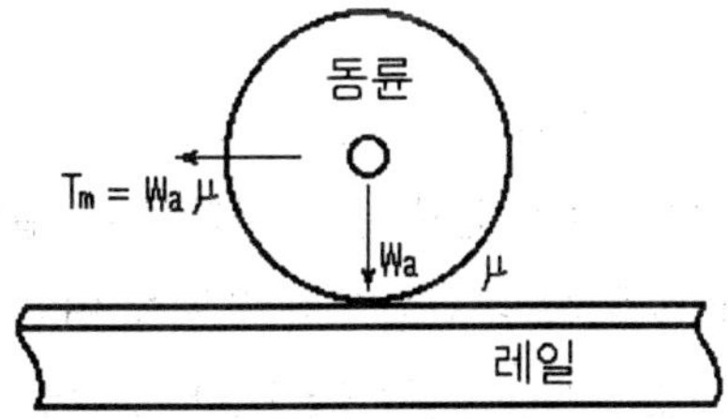

[그림 6 - 17] 최대견인력

여기서 T_m은 점착인장력이라 하고, W_a는 동륜(動輪)에 걸리는 중량으로 점착중량이라 한다. W_a는 전동기가 회전력을 직접 전달해주는 바퀴에 가해지는 중량으로 이 힘의 크기가 견인력에 직접 영향을 준다. 다시 말해서 차량 전체의 무게가 아무리 무거워도 동륜에 걸리는 무게가 가벼우면 최대견인력은 커질 수 없다. 그러므로 전동기의 힘이 아무리 커도 열차의 견인력은 μW_a로 결정되기 때문에 그 이상의 힘이 작용된다고 하더라도 바퀴는 그 자리에서 공전할 뿐이다. 즉, 열차 바퀴가 레일에 붙어있는 최대의 힘과 열차를 견인할 때 가할 수 있는 최대의 힘은 같다. 최대 브레이크력 또한 같은 원리로 최대견인력과 같다.

(2) 열차운전곡선

[그림 6-18]은 출발역과 도착역 사이의 거리를 기준으로 열차운전의 속도의 변화를 나타낸 거리속도운전곡선이다.

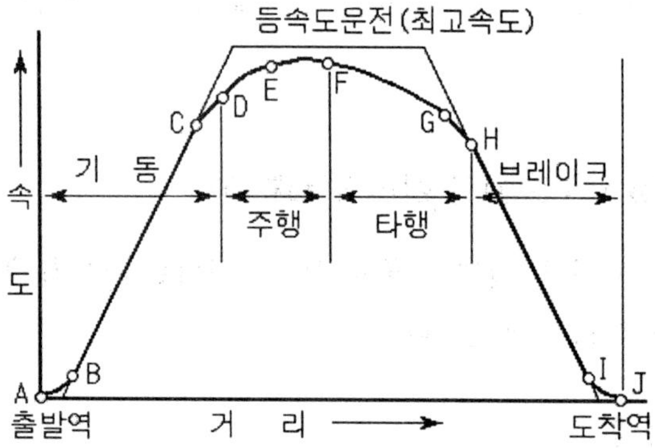

[그림 6 - 18] 열차의 거리속도운전곡선모델

열차는 [그림 6-18]의 가는 선과 같이 운전하는 것이 이상적이지만 실제로는 여러 가지 제약이 있기 때문에 굵은 선과 같이 하게된다. 실례로 가속도는 높을수록 좋지만 승객의 안전이나 화물의 파손방지를 위하여 여객열차의 경우 대략 4.0～4.5[km/h/s] 정도의 범위이고, 화물열차는 0.5[km/h/s]이며, 감속도는 가속도보다 약간 낮게 하고 있다.

[그림 6-18]의 운전곡선을 주행상태별로 구분하면 다음과 같다.

① 기동부분(starting) - A에서 D까지의 부분으로 정지상태에서 출발하는 부분 A-B, 직선으로 가속하는 부분 B-C, 약하게 가속하는 부분 C-D의 3부분으로 나누어진다.

② 자유주행부분(free running) - 주전동기의 특성에 따라 역행하는 부분으로 D에서 F까지이며 특성가속부분 D-E, 평균가속부분 E-F로 나눌 수 있다.

③ 탄력주행부분(coasting) - F에서 H까지의 부분으로 지금까지 주행하던 타성(惰性)으로 진행하기 때문에 여러 가지 저항요소들에 의해서 자연적으로 속도가 줄어드는 부분이다.

④ 브레이크부분(breaking) - H에서 J까지의 부분으로 브레이크를 작동하여 속도를 떨어뜨림으로써 정확한 정차 위치에 열차를 세우기 위한 부분이다.

6.3 전동력응용(電動力應用)

전동기응용이라고도 표현하는 것으로 전동기에 의한 동력은 다른 동력에 비하여 효율이 좋고 소형전동기라 할지라도 경제성이 뛰어난 점 등 장점이 많은 동력원이다.

<표 6-1> 전동력응용의 예

응용분야	사 용 기 계
산 업 용	권상기, 운반기, 송풍기, 펌프, 기중기, 압연기, 절단기, 엘리베이터, 기계운전, 방직기, 공기조절장치, 제지기계, 분쇄기, 교반기, 경운기, 탈곡기 등
운수교통	전기기관차, 케이블카, 자동차, 선박, 항공기 등
가 정	세탁기, 선풍기, 청소기, 믹서, 냉장고, 에어컨 등
기 타	건설기계, 인쇄기계, 이화학기계, 식품공업용기계 등

6.3.1 전동력응용의 특징

장 점

① 동력의 집중, 분배가 용이하고 경제적이다.
② 동력의 전달기구가 간단하고 효율적이다.
③ 전동기의 종류가 많으므로 부하에 알맞은 특성, 구조의 선택이 자유롭다.
④ 전동기의 설치위치를 임의로 선택할 수 있으며, 그 취급조작이 간단하다.

⑤ 개별, 집단운전 또는 복식개별운전 등이 용이하다.
⑥ 제어가 간단하고 확실성이 있어 자동제어, 집단제어 등의 총괄 제어운전이 용이하다.
⑦ 계기나 기록장치에 의한 작업상태의 파악이 용이하기 때문에 이것을 사용하여 작업상태를 개선할 수 있다.
⑧ 전동기의 작업능률이 좋고, 신뢰도와 안전도가 높다.
⑨ 전반적으로 효율이 좋고, 경 부하에도 효율의 저하가 작다.
⑩ 연료가 필요 없으므로 연료의 운반, 저장 등의 필요가 없다.

단 점

① 외관만으로는 고장난 곳의 발견이 쉽지 않다.
② 단락사고 등에 의한 영향이 광범위하게 미칠 수 있다.
③ 이동용 동력기구로는 전선이 필요하기 때문에 불편하다.
④ 고도의 제어운전을 하는 경우에는 상당한 전문지식을 가진 기술자가 필요하다.
⑤ 전원의 전압, 주파수의 변동에 의한 영향을 받는다.
⑥ 정전 시에는 별도의 예비전원 설비가 있어야 운전이 가능하다.

6.3.2 중력부하(重力負荷)

전동력응용 중 우리 주위에서 가장 많이 접할 수 있는 것이 중력부하로 기중기나 엘리베이터가 이에 속한다.

엘리베이터의 무게를 M[ton], 이동속도를 v[m/min]라 하고, 엘리베이터장치의 효율을 η 라 할 때 이에 필요한 전동기의 동력을 구해보면 다음과 같다.

$$P = 9.8065 \times M \times 1000 \times \frac{v}{60} \times \frac{1}{\eta} = \frac{9.8 \times 1000Mv}{60\eta} \fallingdotseq \frac{Mv}{6.1\eta} \times 10^{-3}[W] = \frac{Mv}{6.1\eta}[kW] \quad (6\text{-}17)$$

이를 마력[HP]으로 환산하면 1[HP] = 746[W]이고, 1[kg · m/s] = 9.8065[W]이므

로 $\frac{9.8}{746} \fallingdotseq \frac{10}{750} = \frac{1}{75}$의 관계에서 다음과 같다.

$$P = 9.8065 \times M \times 1000 \times \frac{v}{60} \times \frac{1}{\eta} = \frac{9.8 \times 1000Mv}{60\eta}$$
$$\fallingdotseq \frac{Mv}{6.1\eta} \times 1000 \times \frac{1}{75} = \frac{Mv}{4.57\eta}[HP] \quad (6\text{-}18)$$

예제 6-3 엘리베이터의 무게가 5[t]이고, 속도 12[m/min]로 운행을 하기 위한 전동기의 용량을 [kW]와 [HP]으로 각각 구하시오. 단 모든 장치의 효율은 65[%]라 한다.

풀이 식 (6-17)과 (6-18)에서

$$P = \frac{Mv}{6.1\eta} = \frac{5 \times 12}{6.1 \times 0.65} \fallingdotseq 15.1[kW]$$

또는

$$P = \frac{Mv}{4.57\eta} = \frac{5 \times 12}{4.57 \times 0.65} \fallingdotseq 20.2[HP].$$

6.3.3 전동력응용의 실제

전동력은 주로 근거리 운반에 목적을 둔 기중기(起重機 : crane), 권상기(捲上機), 컨베이어, 엘리베이터 등의 하역기계(荷役機械), 공기를 운반하는 송풍기나 압축기, 액체를 운반하는 펌프, 열을 운반하는 열펌프, 제철공업에 사용하는 압연기(壓延機) 등에 쓰인다.

(1) 하역기계

하역기계는 작업능률에 막대한 지장을 초래하기 때문에 취급하는 물자나 용도에 적합한 것을 선택해야 한다. 여기서는 대표적인 것으로 기중기, 권상기, 컨베이어 등이 있다.

기중기의 종류는 공장이나 발전소 등의 옥내에서 자재나 제품의 운반, 기계의 설치 및 분해청소 등에 사용하는 것으로 [그림 6-19]와 같은 천장기중기가 있고, 옥외에 설치한 천장기중기라고 생각하면 되는 갠트리(gantry)기중기, 기중기의 지지기둥에서 360° 회전할 수 있는 아암(arm : 이것을 jib라 한다)이 나와있고 그 끝에 고리가 달려있는 구조의 지브기중기, 오래 전부터 선박용으로 많이 사용하던 것으로 요즈음은 아파트 공사현장에서 흔히 볼 수 있는 탑형(塔型)기중기(tower crane) 등이 있다.

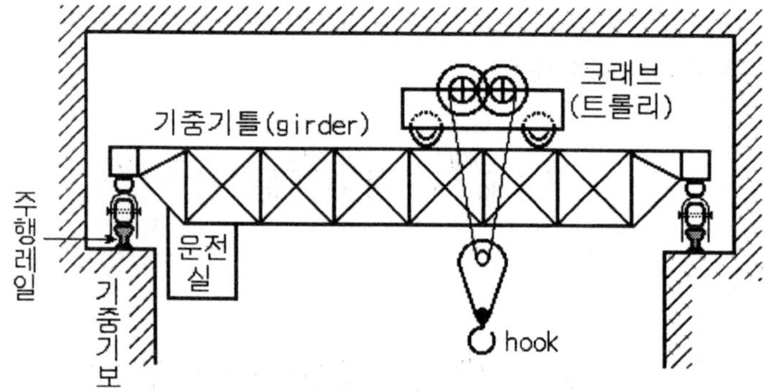

[그림 6 - 19] 천장기중기

예제 6-4 권상속도 1.5[m/min]인 발전소에 설치된 50[t]의 천장주행기중기의 횡행속도(横行速度)가 10[m/min], 주행속도가 20[m/min]일 때 각 전동기의 용량[kW]을 구하시오. 단, 각 효율 70[%], 크래브중량 50[t], 횡행저항 30[kg], girder 중량 80[t], 주행저항 25[kg]이라 한다.

풀이 권상용 전동기 용량 $= \dfrac{50 \times 1.5}{6.1 \times 0.7} \fallingdotseq 17.6[kW]$,

횡행용 전동기 용량 $= \dfrac{(50+50) \times 10 \times 30}{6100 \times 0.7} \fallingdotseq 7[kW]$,

주행용 전동기 용량 $= \dfrac{(50+50+80) \times 20 \times 25}{6100 \times 0.7} \fallingdotseq 21[kW]$.

이처럼 물건을 아래서 위로 들어올리는 것을 기본으로 하는 것들(권상기, 엘리베이터 등)을 하역기계라 하며, 사용하는 전동기의 용량은 [예제 6-1]과 [예제 6-2]에서와 같은 방법으로 구한다.

하역기계 중 우리가 일상생활에서 가장 많이 사용하는 엘리베이터의 종류에 대해서 알아본다.

1) 용도에 따른 분류

① 승용 - 사람을 운반하는 것(중속, 고속)
② 화물용 - 화물을 운반하는 것(저속, 중속)
③ 인하용(人荷用) - 사람과 화물을 운반하는 것(중속)
④ 환자용 - 병원에서 환자를 운반하는 것(저속)
⑤ 덤 웨이터(dumb waiter)용 - 요리나 서류 등을 운반하는 소형(저속)
⑥ 기타 - 침대용, 자동차용 등

2) 승강속도에 따른 분류

① 저속 - 일반적으로 45[m/min]이하 : 15, 20, 30, 45[m/min]
② 중속 - 일반적으로 105[m/min]이하 : 60, 70, 90, 105[m/min]
③ 고속 - 일반적으로 120[m/min]이상 : 150, 180, 210, 240, 300[m/min]

3) 사용장소에 따른 분류

① 사무소용 - 큰 사무소는 고속, 나머지 사무소는 중속
② 백화점용 - 대형으로 고속
③ 병원용 - 중속, 저속
④ 아파트용 - 중속, 저속
⑤ 호텔용 - 중속, 고속

4) 사용전원에 따른 분류

① 교류방식 - 주로 3상유도전동기에 의해서 운전 : 중속 이하에 사용
② 직류방식 - 전동발전기에서 발생하는 직류전압을 변화시켜 직류전동기로 운전 : 직류가변전압을 사용하며 일반적으로 고속에 사용

5) 구동방식에 따른 분류

① 로프방식(rope system) - ㉠ 반(半)걸이 로우핑, ㉡ 全걸이 로우핑
② 유압식 - 극히 일부에만 사용

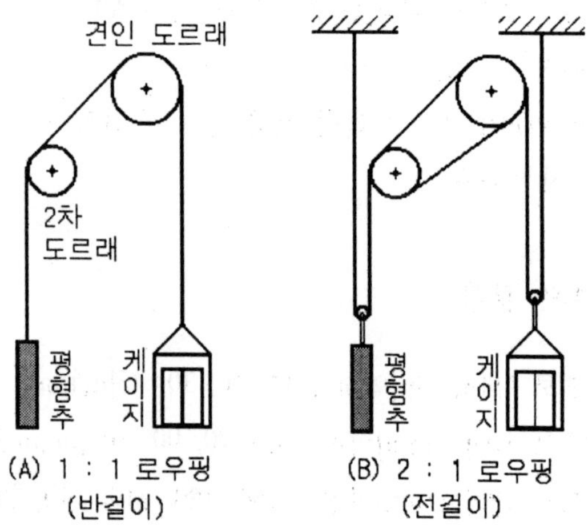

[그림 6-20] 엘리베이터의 로우핑 개념도

로프방식은 다시 구동용 전동기와 견인 도르래(트랙션 시이브 : traction sheave)의 연결방법에 따라 저속 또는 중속 엘리베이터에 사용하는 감속비 1:20～1:60 정도의 기어감속장치가 있는 기어드(geared)형과 감속장치 없이 전동기와 도르래를 직결한 기어레스형(gearless type : 직류가변전압으로 전동기속도를 제어하는 고속 엘리베이터에만 사용한다)으로 나눌 수 있다. 이때 와이어 로프를 거는 방법으로 [그림 6-20]과 같은 2가지 방법이 있다.

半걸이 로우핑은 견인 도르래가 회전하는 주변속도와 케이지(cage)의 승강속도

(昇降速度)가 같은 것이고, 全걸이 로우핑은 견인 도르래의 주변속도가 승강속도의 2배가 되는 것이다. 따라서 全걸이 로우핑은 半걸이 로우핑에 비해서 엘리베이터 구동용 전동기의 회전속도가 같을 경우 승강속도는 반이 되고, 회전력(토오크)이 같을 경우 2배의 중량을 승강할 수 있으나, 와이어 로우프의 굴곡이 많아서 수명이 짧아지는 단점이 있다.

(2) 열(熱) 펌프(heat pump)

어느 물체에서 열을 빼앗아 다른 곳으로 옮기는 역할을 하는 것을 열 펌프라 한다. 이때 열을 옮기기 위해서는 매개체가 필요한데 이 역할을 하는 매개물질을 냉매(冷媒 : refrigerant)라 하며 프레온(Freon : CCl_2F_2)이나 암모니아(NH_3) 등을 사용하여 그 증발, 응축현상을 이용하고 있다.

액체상태의 냉매가 증발해서 기체로 되기 위해서는 증발잠열(蒸發潛熱 : latent heat)이 필요하고(이 열을 증발열이라고도 한다), 기화한 냉매에서 증발열(기화열이라고도 한다)을 빼앗으면 응축해서 다시 원상태의 액체가 된다. 일반적으로 열 펌프에서는 압축기로 냉매가스를 압축하여 고온부와 저온부를 만들어서 압력차에 의한 온도차가 생기도록 하고, 고온부에서는 기화상태의 냉매에서 증발열을 빼앗아 응축시키며, 저온부에는 증발열을 주어 냉매의 증발작용을 하도록 해서 저온부에서 고온부로 열을 이동시킨다. 이와 같이 열을 이동시키는 사이클을 열 펌프 사이클(heat pump cycle)이라 하며, [그림 6-21]과 같은 원리이다.

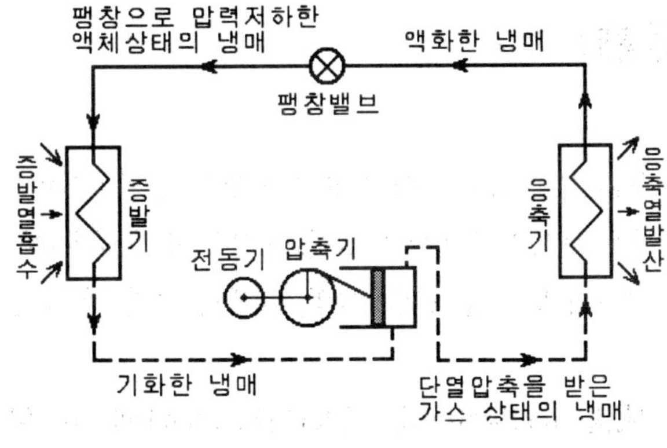

[그림 6 - 21] 열 펌프 사이클의 원리도

이러한 열 펌프의 원리를 이용해서 가정용에서는 냉장고, 에어컨 등을 이용하고 있고, 빌딩에서의 공기정화장치도 이 원리를 이용하는 등 실생활에 다양하게 쓰이고 있다.

(3) 압연기(壓延機 : rolling mill)

포항제철 같은 제철소에서는 용광로에서 나온 쇳물을 커다란 육면체덩어리로 만든 다음 그 궤(櫃)를 눌러서 펴는 작업으로 강판을 생산한다. 이렇게 눌러서 펴는 기계를 압연기라 한다. 이때 재료에 열을 가한 상태에서 압연하는 것을 열간압연(熱間壓延 : hot rolling)이라 하며, 상온에서 압연하는 것을 냉간압연(冷間壓延 : cold rolling)이라 한다. 보통 열간압연은 용광로로부터 바로 만들어진 궤가 식기 전에 뜨거운 상태에서 이루어지며, 냉간압연은 열간압연하여 만든 강판을 상온에서 다시 압연하는 순서를 밟고 있다. 일반적으로 열간압연 공정은 공개하고 있으나 냉간압연 공정은 그 방법에 따라 생산된 강판의 성질이 달라지지 때문에 공개하지 않고 있다.

압연기의 구조는 롤러의 수에 따라 2중 롤식, 3중 롤식, 4중 롤식 등으로 구별되며 롤러 사이로 강판이 왕복하며 강판이 얇게 펴지게 된다. 열간압연에서는 4중 롤식까지를 사용하는 것이 일반적이며 냉간압연에서는 6중 롤식이나 12중 롤식 등을 사용한다.

6.4 전열(電熱)

전기에너지를 열에너지로 변환하여 이용하는 것을 전열공학이라 하며 우리 생활에 이용하는 분야는 주로 난방이나 다림질, 음식의 조리 등을 예로 들 수 있으며 공업에의 이용은 금속의 담금질, 뜨임, 녹임, 물체의 가열, 용접 등 그 예가 무척 광범위하다.

열의 전달기구(機構 : mechanism)는 전도(傳導 : conduction), 대류(對流 : converts ion) 및 복사(輻射 : radiation)의 3가지로 나눌 수 있다.

전도는 열에너지를 가진 입자가 다른 입자에게 열에너지의 일부를 나누어주는 것에 의해서 열이 전달되는 현상이고, 대류는 열에너지를 가진 입자가 직접 다른 곳으로 이동해서 열이 전달되는 현상이며, 복사는 빛의 전달처럼 전자파의 형태로 열에너지가 전달되는 현상을 일컫는다.

전기에너지를 열에너지로 전환하는 기구는 다음과 같은 것들이 있다.

① 저항에 전류를 흘렸을 때 생기는 옴(ohm)손에 의한 발열
② 아크와 같이 기체 또는 진공 중의 전자나 이온의 충돌에 의한 발열
③ 유전체(誘電體) 손실에 의한 발열 등이 있다.

전기가열이란 전기에너지를 열에너지로 변환하는 기구와 열 전달기구를 적절히 결합해서 가열하고자 하는 물체를 희망하는 온도까지 가열하거나 얻고자 하는 온도를 얻는 것이다.

6.4.1 전기가열의 특징

열을 얻기 위한 과정은 화석연료를 태우는 것이 전력을 사용하는 것보다 손쉽고 가격도 싸다. 그럼에도 불구하고 전기가열의 이용이 여러 방면에서 증가하고, 또 새로운 응용범위가 개발되고 있는 이유는 다른 가열방법보다 뛰어난 점이 있기 때문이다. 그 특징은 다음과 같다.

1) 매우 높은 온도를 얻을 수 있다

화석연료에서 얻을 수 있는 온도는 공업적으로 1500[℃] 정도가 한계지만 아크 가열에 의해서는 3000[℃] 이상의 온도를 어렵지 않게 얻을 수 있다. 또한 플라즈마(plasma)에 의한 가열로는 수만[℃] 이상의 초고온도 얻을 수 있다. 그러나 실제로는 용기(容器)가 열에 견뎌야되기 때문에 가열온도의 제한을 받는다.

2) 내부가열을 할 수 있다

화석연료로 가열할 경우에는 피 가열물의 표면에서부터 가열되기 때문에 내부까지 가열하려면 표면이 필요 이상으로 가열되거나 시간이 오래 걸린다. 그러나 전기가열은 피열물에 직접 전류를 흘려서 가열하는 경우로 유도가열, 유전가열은 피열물 내부에 직접 열을 발생시킬 수 있으므로 급속 가열이나 균일 가열이 가능하다.

3) 노기제어(爐氣制御)가 용이하다

전기가열에서는 화석연료의 연소에 의한 가스나 오염의 발생이 없을 뿐 아니라 산소가 필요치 않기 때문에 진공 중에서 가열하거나 필요하면 적당한 불활성 가스를 넣은 상태에서 가열할 수 있으므로 재료가 산화되거나 불순물이 들어가는 것을 미연에 방지할 수 있다. 따라서 제품의 품질이 균일하고, 좋은 제품을 생산할 수 있어 손실이 적다.

4) 온도 및 가열시간의 제어가 용이하다

화석연료를 사용할 때는 연료의 양, 공기의 양 등에 의한 연소 조건을 제어하여 온도를 조정하기 때문에 정밀한 가열온도, 시간의 제어가 불가능하다. 그러나 전기가열은 전류의 양이나 가열시간, 로(爐) 내의 온도분포 등의 감시와 조절이 매우 간단하기 때문에 빠르고 손쉽게 정밀한 제어를 할 수 있다.

5) 열효율이 높다

화석연료의 연소에는 공기의 공급이 필수이므로 연소 후 공기의 배출구인 굴뚝 또한 필수적이다. 이 굴뚝으로 인해 연소가스와 함께 빠져나가는 열의 손실은 막을 수 없다. 그러나 전기가열의 경우는 밀폐상태에서도 가열이 가능하기 때문에 효율이 매우 높을 수밖에 없다.

6) 조작이 용이하고 작업환경이 좋다

화석연료처럼 연료저장시설, 연소실, 배기장치나 재의 처리시설, 연료공급장치, 공기량 및 연소상태의 조정 등이 필요 없으므로 작업인원이 줄어들고 가열장치의 조작이 최근에는 자동제어나 원격제어의 발달로 매우 간소화되었다. 또한 매연 등의 공해물질배출이 없어 위생적이다.

7) 국부(局部)가열과 급속(急速)가열이 가능하다

일례로 유도가열에서는 자속(磁束)을, 저항가열에서는 전압을 필요한 부분에 집중하여 경(硬)납땜(hard soldering)이나 점용접(點熔接) 등을 할 수 있다. 또한 전기가열에서는 밀폐상태에서 가열하므로 열효율이 높고, 순간적으로 큰 에너지를 공급할 수 있으므로 가열속도를 매우 빠르게 할 수 있다.

공업적으로 전력을 열원으로 사용하려면 설비비가 많이 들고 전력요금 또한 비싸지만 다음과 같은 경우는 이와 같은 단점을 뛰어넘는 경제성이 있기 때문에 전기가열을 선호하고 있다.

① 다른 열원으로부터는 필요한 가열온도를 얻을 수 없는 경우
② 정밀한 온도제어가 필요한 경우
③ 고품질의 제품을 얻기 위하여 오염원을 제거하고자 하는 경우
④ 국부가열이나 급속가열이 필요한 경우
⑤ 다른 열원에 비하여 효율이 뛰어나게 좋고 가열비가 싼 경우
⑥ 전기요금이 싼 경우(심야전력이나 잉여전력을 사용하는 경우)
⑦ 다른 열원에 비해서 전체적으로 경제성이 좋은 경우

6.4.2 전기가열 방식

보통 공업적으로는 저항가열, 아크가열, 유도가열, 유전가열, 복사가열의 5가지 또는 그 조합방식이 있으며, 실험실용으로 전자가열방식도 있다.

(1) 저항가열(抵抗加熱)

전류에 의한 옴손을 이용하여 가열하는 것으로 직접식(直接式)과 간접식(間接式)이 있다. 직접식저항가열은 도전성 피열물에 직접 전류를 흘려서 피열물을 발열체로 사용하여 가열하는 방식이고, 간접식은 발열체(예 : 니크롬선)에서 발생한 열을 전도, 대류, 복사 등의 열 전달에 의해 피열물을 가열하는 방식으로 이때 발생하는 열량은 $0.24 \times I^2Rt$[cal]로 표현한다.

(2) 아크(arc)가열

아크에서 발생하는 열을 이용하여 가열하는 것으로 역시 직접식과 간접식이 있다. 직접식은 피열물 자체를 아크발생의 전극으로 사용하여 가열하는 방식이다.

(3) 유도가열(誘導加熱)

교류자계(交流磁界) 중에 도전성 물체가 놓이면 그 물체 내에는 와전류(渦電流 : 맴돌이전류)에 의한 옴손이 생기며 아울러 히스테리시스손도 생기는데 이 손실에서 발생하는 열을 이용하여 피열물을 가열하는 것이 유도가열로, 역시 직접식과 간접식이 있다. 와류손(渦流損)과 히스테리시스손은 교류를 인가할 때에만 나타나는 현상으로 직류에서는 볼 수 없다. 그러므로 유도가열에 사용하는 전원의 주파수에 따라 저주파유도가열(상용주파수 : 50～60[Hz])과 고주파유도가열 (500[Hz]이상 [KHz]단위까지)로 나눌 수 있다.

(4) 유전가열(誘電加熱)

유도가열은 도전성의 피열물을 대상으로 하는 반면 유전가열은 절연물을 직접 가열하는데 사용한다. 고주파전계를 절연성 피열물에 인가하면 유전체 내에서 유전체손이 발생하고 그 손실은 열로 나타나는데 이 열로 피열물을 가열하는 방식이다. 이러한 현상은 유도가열과 마찬가지로 교류에서만 나타나는 현상이며 유전가열에 사용하는 주파수는 고주파로 수 [MHz] 이상을 사용한다.

(5) 복사가열(輻射加熱)

적외선가열이라고도 하는 것으로 적외선 전구나 비금속발열체 등에서 복사(輻射)된 적외선을 피열물의 표면에 쪼여서 가열하는 방식이다.

(6) 전자빔가열

진공 중에서 직류고전압에 의하여 가속된 전자류(電子流)를 피열물에 조사(照射)하는 방식이다. 녹는 온도가 높은 물질의 용접, 절단, 천공(穿孔), 열처리, 증착(蒸着) 또는 플라즈마 발생 등의 응용에 유용하다. 전자빔의 발생은 열음극에서 전자를 발생시키는 열음극전자빔과 기체의 전리(電離)로 전자를 발생시키는 플라즈마를 하전입자(荷電粒子)의 공급원으로 하는 플라즈마 전자빔으로 나눌 수 있다.

6.4.3 열량의 단위

열량의 단위는 M.K.S 단위계에서 사용하는 줄(joule)[J]과 보통 공업적으로 사용하는 킬로칼로리(kilocalorie)[kcal]가 있으며, 영국에서 사용하는 단위로 British Thermal Unit[BTU]가 있다. 정확히 말해서 1[kcal]는 1[kg]의 물을 14.5[℃]에서 15.5[℃]까지 1[℃] 높이는데 필요한 열량이다. 한편 1[J]은 1[Ω]의 저항에 1[A]의 전류를 단위시간 동안 흘렸을 때 저항에서 발생하는 열량을 말한다. 또한 1[BTU]는 물 1[lb](0.4536[kg])를 1[°F] 높이는데 필요한 열량이다. 1[J]을 전력량으로 환산하면 1[W · s]가 되며, 실용적으로는 보통 [kWh]를 사용하며, 이들 사이에는 다음과 같은 관계가 있다.

$$1[\mathrm{kcal}] = 4186.05[\mathrm{J}] = 3.968[\mathrm{BTU} : \mathrm{British\ Thermal\ Unit}] \fallingdotseq 4200[\mathrm{J}]$$

$$1[\mathrm{BTU}] = 0.252[\mathrm{kcal}]$$

$$1[\mathrm{J}] = 0.2389 \times 10\text{-}3[\mathrm{kcal}] = 0.2389 \fallingdotseq 0.24[\mathrm{cal}]$$

$$1[\mathrm{kWh}] = 1000[\mathrm{W}] \times 3600[\mathrm{s}] = 3.6 \times 106[\mathrm{J}] \fallingdotseq \frac{3.6 \times 10^{6}}{4186} \fallingdotseq 860[\mathrm{kcal}] \qquad (6\text{-}19)$$

(6-18) 식은 1[kW]짜리 전열기를 1시간 동안 사용하면 약 860[kcal]의 열이 발생된다는 것을 의미한다.

예제 6-5 15[℃]의 물 4[l]를 1[kW] 전열장치로 가열하여 온도를 90[℃]로 높이는데 30분이 걸렸다. 이 경우 이 전열장치의 효율[%]을 구하시오.

풀이 물 4[l]를 15[℃]에서 90[℃]로 높이는데 필요한 열량을 구하면

$$4 \times (90-15) = 300[kcal].$$

1[kW] 전열장치를 30분간 사용할 때 소비전력 P와 발생열량 Q는 각각 식 (6-19)에서 P = 0.5[kW], Q = 430[kcal]이므로 이 장치의 효율은 공급열량과 실제로 물을 가열하는데 사용된 열량의 비(比)이므로

$$\eta = \frac{300}{860 \times 0.5} = \frac{300[kcal]}{430[kcal]} = 0.7 = 70[\%].$$

6.4.4 전열재료(電熱材料)

전기에너지를 열에너지로 변환하는데 사용하는 것으로써 전류에 의해서 안정적이고 지속적으로 많은 열을 발생하는 재료를 말한다.

(1) 구비조건

① 내열성(耐熱性)이 클 것 - 용융(熔融), 연화(軟化), 산화온도가 높고, 산화막(酸化膜)이 견고해야 한다.
② 내식성(耐蝕性)이 클 것 - 열이나 가스에 의해 부식하지 않아야 한다.
③ 적당한 고유저항 값을 가질 것 - 저항률이 비교적 크고, 온도에 의해서 저항의 변화가 심하면 취급이 곤란하다.

④ 가공이 쉬울 것.

⑤ 구하기 쉽고 가격이 쌀 것.

(2) 발열체의 종류

1) 금속발열체

<표 6-2> 합금 발열선의 특성 (KSC 2601)

종 류	최고사용온도[℃] 및 기호	특성 및 용도
니크롬선 제1종	1000[℃], NCH1	고온에서 강도가 크고 냉간 가공이 용이하며 고온가열 후에도 강도저하가 없고, 유황성분 이외의 가스에 강하다. 고온용 발열체로 범용된다.
니크롬선 제2종	950[℃], NCH2	NCH1에 비해 내산화성과 고온에서 강도가 좀 떨어지며 고온용 저항체로 사용하기도 한다.
철크롬선 제1종	1200[℃], FCH1	고온에서 사용을 목적으로 개발, 내산화성이 좋다. 니크롬계에 비해 고온에서 연화 가능성이 있다. 고온도 사용 후에 가공이 어렵다.
철크롬선 제2종	1100[℃], FCH2	FCH1에 비해 냉간가공이 좀 쉽다. 고온도 사용 후 가공이 힘들고, 고온에 의해 연화되기 쉽다.

합금발열체와 순금속발열체가 있으며, 합금발열체에는 일반적으로 가장 많이 사용하는 발열체로 니크롬계 합금(니크롬선)과 철크롬계 합금(철크롬선)발열체가 대표적이다. <표 6-2>는 이들의 사용온도 및 용도이다.

순금속발열체는 실험용으로 1400[℃]정도의 온도에서 백금선이 사용된다. 진공 중이나 수소 중에서 고온가열용으로 텅스텐(최고 사용온도 : 2100[℃]) 또는 몰리브덴(최고 사용온도 : 1800[℃])이 사용된다.

2) 비금속발열체

주로 [그림 6-22]와 같은 탄화규소발열체가 사용되는데 이는 카아버런덤(carbornum : SiC)이 주성분인 것으로 1400[℃] 정도의 온도에서 장시간 사용가능하다.

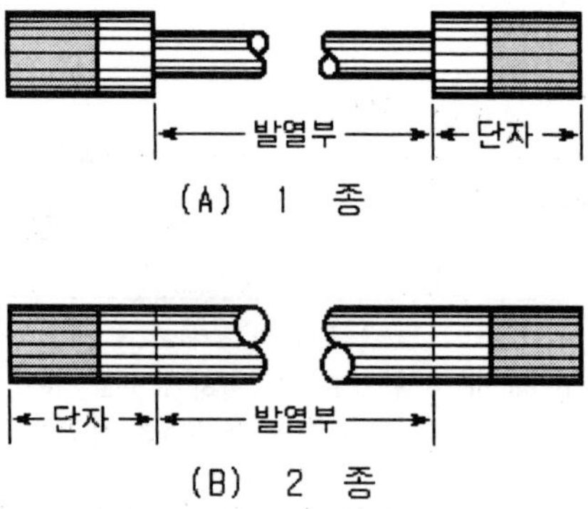

[그림 6 - 22] 탄화규소 발열체

제품은 물러서 가공하기 곤란하며 따라서 저항값을 변화시키기는 어렵지만 금속선을 사용할 수 없는 고온에 사용하고 있다.

이 밖에 탄소도 사용하는데 탄소가루를 접착소성하여 여러 모양(막대, 파이프모양 등)으로 만들 수 있으며, 1000～3000[℃]의 고온에 사용한다. 또한 탄소입자의 접촉저항을 이용하여 2000[℃] 이하에서 사용하기도 한다.

3) 염욕발열체(鹽浴發熱體)

유일한 액체발열체로 액체(주로 물)에 염류를 녹인 후 전류를 흘려서 열을 발생시키는 것이다. 사용시 피열물이 염류에 의해서 부식되지 않도록 대책을 수립해야 하고, 복잡하게 생긴 피열물의 균일 가열에 좋다. 이에 사용하는 발열체(염류)로는 NaCl, KCl, KF, $CaCl_2$, KNO_3, $NaNO_3$, Na_2CO_3 또는 이들의 혼합물이 있다.

6.4.5 전열의 이용

산업현장에서 로(爐 : 용광로), 용접, 열처리, 건조 등 전기가열을 이용하는 경우는 수없이 많다. 여기에서는 주로 산업현장에서 전열을 어떻게 응용하고 있는가에 대해서 전기로, 전기용접, 전기건조로 나누어 몇 가지 예만 소개하도록 한다.

(1) 전기로(電氣爐)

전기로는 화학분야, 야금(冶金)분야, 기계분야 등 거의 모든 공업분야에서 널리 이용되며 실험실에서도 필요한 장치 중 하나이다.

전기로의 종류는 앞에서도 이야기했듯이 가열방식에 따라 분류하면 저항가열, 아크가열, 유도가열이 있으며 각각 직접식과 간접식이 있다.

1) 직접저항가열로

단상전원용

① 흑연화로(黑鉛化爐) - 이것은 [그림 6-23]과 같은 방법으로 무정형(無定形) 탄소전극을 2500[℃] 정도의 고온으로 가열하여 흑연으로 만들기 위해 사용하는 전기로로 대전류가 필요하다.

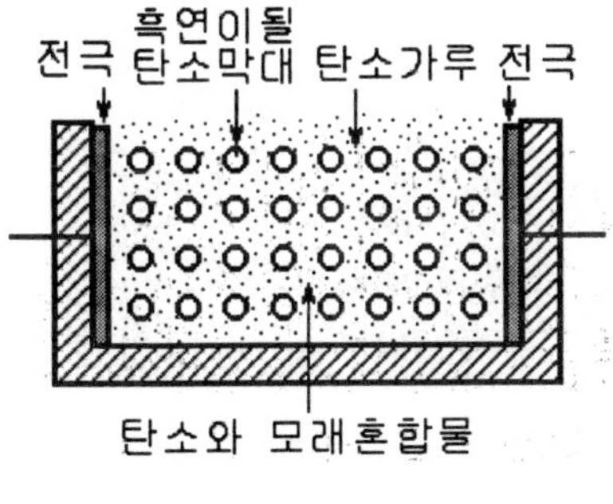

[그림 6 - 23] 흑연화로

② 카아바런덤로 - 모래(SiO_2)와 코오크스의 혼합물을 2000[℃] 이상으로 가열하여 탄화규소를 만드는 것이다.
화학식은 $SiO_2+3C=SiC+2CO$이다.

③ 지로식 전기로 - 지로식(式) 전기로는 [그림 6-24]와 같이 세로로 서있는 형태의 전기로이다. 銑鐵(무쇠), 페로알로이(합금철 : ferro-alloy), 카바이드 등의 제조에 사용하기도 한다. 전극은 위아래로 이동할 수 있도록 되어있다.

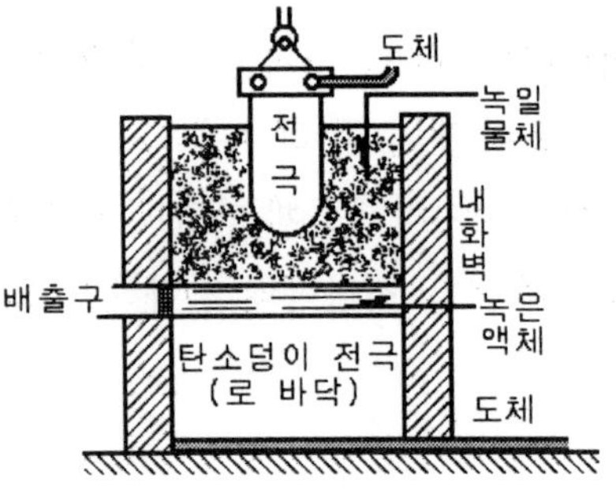

[그림 6 - 24] 지로식 전기로

3상 전원용

① 카바이드(carbide)로 - 이는 생석회(生石灰)와 석탄으로부터 다음과 같은 화학반응을 일으켜 카바이드를 제조하는 전기로이다.

$$CaO + 3C = CaC_2 + CO$$

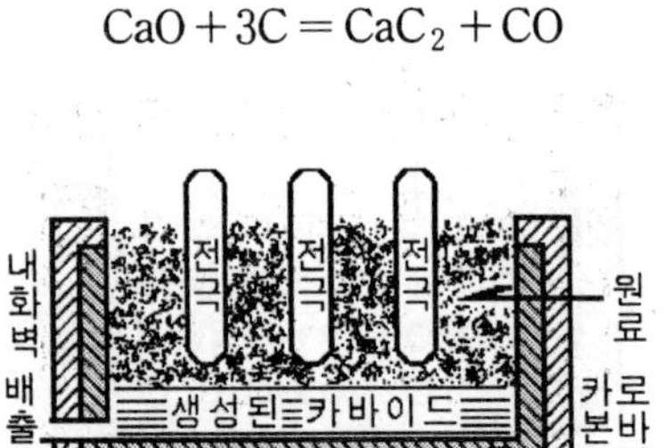

[그림 6 - 25] 카바이드 전기로

또 페로망간(ferro-mangan)이나 페로크롬(크롬철) 등의 페로알로이(합금철)도 카바이드와 같은 로에서 제조된다.

② 인(燐)제조로 - 인산석회에 규산과 탄소를 합하여 전기로에 넣고 가열하여 환원증류법(還元蒸溜法)에 의해서 제조한다. 화학식은 다음과 같다.

$$Ca_3(PO_4)_2 + 3SiO_2 + 5C = 3CaSiO_3 + 5CO + P_2$$

위 식과 같은 반응에 의해 증발한 인은 일산화탄소와 함께 전기로 밖으로 뽑아내어 냉각하면 인이 응결된다.

③ 용성인비제조로(溶成燐肥製造爐) - 인이 주성분인 비료를 만드는 전기로로 인광석(燐鑛石)과 사문석(蛇紋石)을 혼합하여 녹이고 이것을 배출구로 뽑아내면서 물을 살포하여 급냉시켜 만든다.

2) 간접저항가열로

이 전기로는 발열체에 전류를 흘려 발생된 열을 복사, 대류, 전도에 의해 피열물을 가열하는 형태이다. 가열온도가 1000[℃] 이하일 때는 니크롬선이나 철크롬선 발열체가 많이 쓰이며, 1000～1400[℃] 범위에서는 탄화규소발열체를 사용하고, 그 이상의 온도가 필요하면 수소로기(水素爐氣) 중에서 몰리브덴이나 텅스텐을 발열체로 하는 저항로, 또는 흑연관(黑鉛管)이나 탄소립(炭素粒 : 탄소가루, 탄소입자) 등을 발열체로 하는 로를 사용한다.

① 탐만로 - 흑연관(탐만관)에 대전류를 흘리면 흑연관이 빨갛게 달고, 그 관 내에 들어있는 피열물이 가열된다. 이 로는 흑연관의 소모 등에 의해 저항변화가 심하기 때문에 전압을 광범위하게 조정할 필요가 있다. 흑연관은 빨리 소모되므로 교환이 쉬운 구조로 되어있다.

② 크리프톨로 - 탄소입자를 발열체로 하는 전기로로 [그림 6-26]과 같은 구조이며 탄소입자와 점토를 섞어서 발열체로 쓰기도 한다.
이 크리프톨로에서의 발열은 탄소입자 사이의 접촉저항에 의해서 일어나며 1000～2000[℃] 사이의 온도는 쉽게 얻을 수 있다. 단, 전압이 높아지면 불꽃이 일어날 수 있으므로 전원전압을 세심하고도 광범위하게 조정할 필요가 있다.

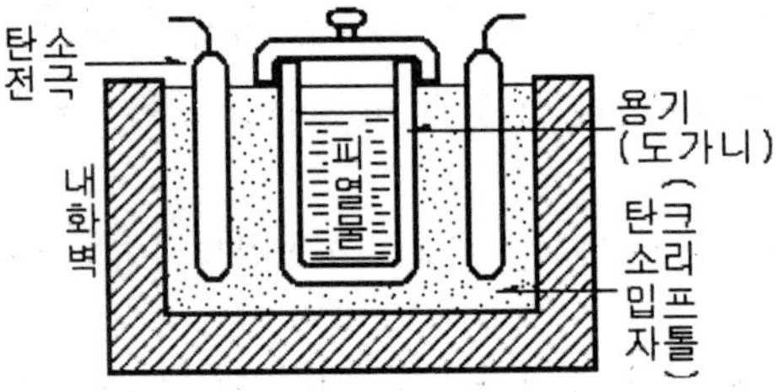

[그림 6 - 26] 크리프톨로

③ 염욕로(salt bath) - 강(鋼)이나 경금속의 담금질(燒入 : quenching), 뜨임(燒鈍 : tempering), 소균(燒均 : normalizing), 균열(均熱), 급열(急熱), 급랭(急冷) 등이 필요한 경우에 사용하는 것으로 소금, 염화칼륨(KCl), 염화바륨($BaCl_2$), 청산(시안화수소산 : HCN) 등의 용해염속에 피열물을 넣고 전류를 흘려 가열한다. 이 로의 장점은 다음과 같다.

㉠ 열효율이 높다.
㉡ 로 내의 온도가 균일하다.
㉢ 무산(無酸)열처리를 할 수 있다.
㉣ 가열시간이 짧다.

3) 고압아크로

고압아크로는 공기 중의 질소를 고정(固定)하여 질산을 만들기 위해서 개발한 것이다. 이는 산소와 질소를 매우 높은 온도로 가열하면 다음 식과 같은 반응으로 NO가 생성된다.

$$N_2 + O_2 = 2NO - 43200[cal]$$

이 NO는 산소와 결합하여 NO_2가 되므로 고압아크로에서 나온 기체에 물을 분사하여 NO_2를 물에 녹이면 질산을 얻을 수 있다.

그러므로 이런 고압아크로는 아크와 공기를 될 수 있으면 많이 접촉시킬 필요가 있다.

따라서 고압아크로의 종류에는 [그림 6-27]과 같은 3가지가 있다.

① 아크의 길이를 10[m] 정도로 길게 만들고 거기에 공기를 불어넣는 센헬로
② 아크를 발생하는 전극을 V자 형태로 만들고 V자의 좁은 밑에서부터 공기를 불어넣어 V자의 벌어진 위 부분에서 공기와 아크가 많이 접촉하도록 만든 포오링로
③ 아크와 직각방향으로 자계(磁界)를 가하여 아크가 넓게 퍼지도록 만든 비라게란드-아이데로 가 있다.

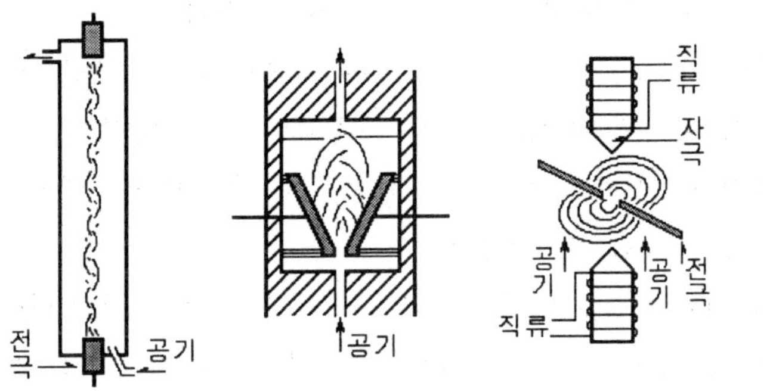

(A) 센헬로 (B) 포로링로 (C) 비라게란드-아이데로

[그림 6 - 27] 고압아크로

4) 유도로(誘導爐)

유도가열의 발열을 이용한 전기로이며 다음과 같은 특징이 있다.

① 교번자계(交番磁界)의 배치와 주파수를 적당히 선정하면 피열물의 표면만을 가열할 수도 있고 전체를 가열할 수도 있다.
② 피열물 내부에 전류를 흘려 가열할 수 있으므로 열의 손실이 거의 없으며, 진공 중의 가열도 가능하다.
③ 직접가열할 경우는 급속가열이 되고 피열물이 녹은 용액이 교반(攪拌)작용에 의해 스스로 섞이면서 균일가열이 가능하다.(고주파 유도로)

저주파 유도로는 주로 비철금속인 알루미늄 또는 그 합금의 용해용이나 구리합금, 아연의 용해용으로 사용한다.

고주파 유도로는 전동발전기, 불꽃갭(gap)식 발진기, 진공관발진기 같은 별도의 전원장치가 필요하다. 그러므로 설비비가 비싸지만 진공용해 등에 이용되기 때문에 고품위의 특수강, 비철금속의 용해에 쓰인다.

5) 진공용해(眞空熔解)

진공용해의 목적은 시험용과 공업용으로 나눌 수 있다.

시험용으로는 로 내를 진공상태로 만든 후에 금속을 넣고 용해하면 금속에 함유되어 있던 가스가 로 내로 나오고, 그 가스를 뽑아내어 분석하면 그 금속이 생성될 때의 주변 상황이나 분위기를 짐작할 수 있게 된다. 달 표면에서 가지고온 月石의 함유가스 분석도 이 방법으로 하였다.

로 내가 진공상태이므로 용해된 금속에 여타가스가 녹아 들어갈 염려가 없고 산화나 질화될 우려도 없으므로 기공도 없고, 순수한 고품위의 공업용 제품을 생산할 수 있다. 이른바 로기제어(爐氣制御)의 한 방법으로 매우 고급스러운 장치이다.

(2) 전기용접

용접의 종류에는 접합부를 완전히 녹여서 용접하는 융접(融接)과 완전히 녹이지 않고 압력을 가하여 용접하는 압접(壓接)이 있다. 전기용접은 각 전기가열방식을 이용한 용접으로 가열방식의 특성이나 재료의 성질에 따라 가장 알맞은 방식으로 실용화되어 있다. 이들을 간단히 소개한다.

1) 저항용접

저항용접은 도체에 전류가 흐를 때 저항에서 발생하는 옴손에 의한 발열을 이용해서 용접하는 것으로 다음과 같은 몇 가지 종류가 있다.

겹치기 용접(lap welding)

용접할 금속판을 겹쳐놓고 용접하는 것이다.

① 점용접(spot welding) - [그림 6-28]처럼 구리나 특수합금 전극 사이에 겹쳐 끼우고 용접할 선을 따라 점모양으로 용접하는 방법으로 자동차 공업이나 가정용 전기제품 등에 널리 사용한다.

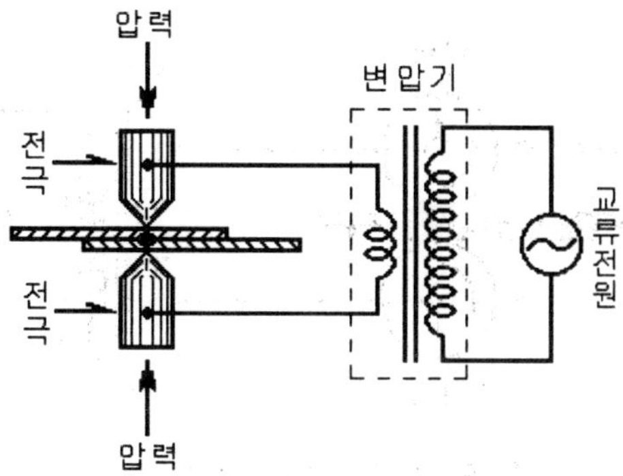

[그림 6 - 28] 점용접

② 돌기용접(projection welding) - [그림 6-29]처럼 용접하려는 금속판에 미리 점이나 선으로 돌기를 만들어 놓고 이를 판판한 전극 사이에 끼워 넣어 전류를 흘리면 돌기 부분에 전류가 집중하므로 비교적 적은 전류로 돌기부분의 용접을 한꺼번에 하는 방법이다.

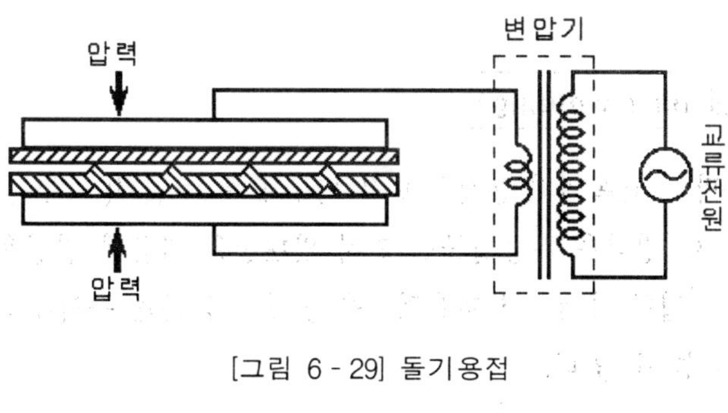

[그림 6 - 29] 돌기용접

③ 시임용접(seam welding : 봉합용접 : 縫合熔接) - 재봉틀로 천을 박은 것처럼 용접하는 것으로 [그림 6-30]과 같이 구리나 합금으로 된 롤러형 전극 사이에 금속판을 겹쳐 끼우고 전극을 회전하면서 연속 용접하는 방법을 사용한다. 이를 롤러 시임용접(roller seam welding)이라 하며, 또 다른 경우는 금속판을 구부려 롤러 사이를 통과시키면서 원통형의 관(pipe)을 만들고, 금속판이 맞닿은 부분을 롤러전극이 압력을 가하면서 시임용접하여 관을 만드는 방법도 있다. 이렇게 만든 관을 시임용접관이라 한다.

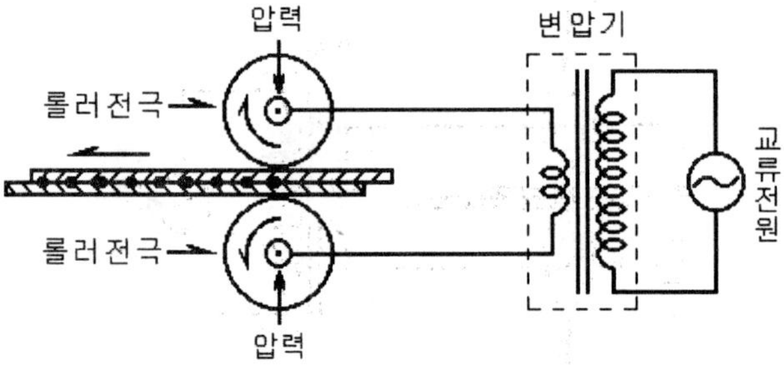

[그림 6 - 30] 롤러 시임용접

④ 충격용접(衝擊熔接 : percussive welding) - 이 방식은 콘덴서에 축적된 정전(靜電)에너지 $\left(W=\frac{1}{2}CV^2[J]\right)$나 인덕턴스 코일에 축적된 전자(電磁)에너지 $\left(W=\frac{1}{2}LI^2[J]\right)$를 순간적으로 용접할 부분에 방출하여 용접하는 것으로 용접시간이 짧고 용접부분만 가열하기 때문에 저항률이 작고 전기 전도도가 큰 경금속이나 산화되기 쉬운 금속의 용접에 적합하다.

맞대기 용접(butt welding)

금속선, 금속막대, 금속판의 용접할 면을 마주대 놓고 전면(全面)을 동시에 용접하는 방식이다. 이 방식은 피용접물을 먼저 맞대놓은 다음에 전원을 투입하느냐, 아니면 전원을 투입한 상태에서 피용접물을 맞대느냐 하는 순서에 의해서 다음과 같은 2종류로 나눌 수 있다.

① 업셋용접(upset butt welding) - [그림 6-31]과 같이 용접면을 맞대놓고 압력을 가한 후에 전원을 투입하여 전류가 흐르면 맞닿은 접합부는 접촉저항에 의해서 가열되고, 그 결과 접합부가 용접 가능한 온도에 이르러 약간 부풀어오르면서 용접이 된다. 이 방식은 전선공장에서 동선, 강선, 알루미늄선 등의 접속에 이용한다.

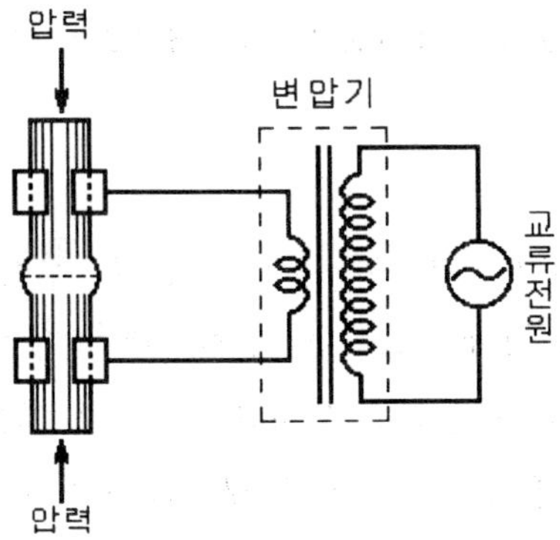

[그림 6 - 31] 업셋용접

② 플래쉬 맞대기 용접(flash butt welding) - 불꽃식 맞대기 용접이라고도 하는 것으로 전원을 투입하여 피용접물 사이에 전압이 걸린 상태에서 서서히 피용접물을 접근시키면 거친 용접면의 돌출부분에 전류가 집중되므로 이 부분에서 급격히 온도가 올라가게 되며, 불꽃이 일어나면서 [그림 6-32]와 같이 또 다른 돌출부분으로 불꽃이 차례로 확산되고, 그 결과 全面에 걸쳐 용접 가능한 온도에 도달한다. 이 불꽃으로 용접면이 매끄러워지며 이때 강한 압력을 가하여 붙이고 곧 전류를 끊으면 용접이 끝난다. 한번의 시도로 접합부의 온도가 용접 가능 온도까지 도달하지 못하면 여러 차례 용접면을 붙였다 떼기를 반복한다.

이 용접의 특징은 ㉠ 용접속도가 빠르고, ㉡ 신뢰성이 높으며, ㉢ 이상(異狀) 재료나 단면적이 큰 것을 용접할 수 있으나, ㉣ 용접기 가격이 비싼 것이 흠이다. 철도의 레일용접, 제철의 스트립 접속, 닻줄의 제조, 자동차나 항공기의 부품, 건축자재인 샤시 용접 등 넓은 범위에서 사용한다.

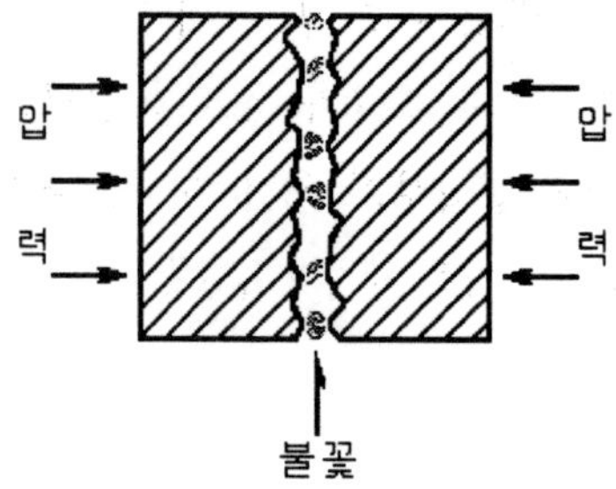

[그림 6 - 32] 플래쉬 맞대기 용접면의 불꽃모양

2) 유도용접

용접부분을 유도가열방식으로 가열하여 용접하는 방식으로 주로 알루미늄이나 동판을 둥그렇게 말아서 관(管 : pipe)을 만드는데 이용한다.

유도용접의 특징은 저항용접과 달리 전극이 필요치 않고, 전류가 용접부분의 가장자리로만 흐르기 때문에 용접할 부분을 끊거나 청소할 필요가 없어 자재와 노력을 절약할 수 있다는 점이다.

3) 아크용접

아크용접이란 용접하려고 하는 금속모재(金屬母材)와 용접용 전극(용접봉이나 전극) 사이에서 발생한 아크열을 이용하여 금속을 가열해서 용접하는 방법이다. 이 방법에는 용접봉과 같이 용접용 전극 자체가 녹아서 모재에 달라붙어 용접되는 용접식(熔接式) 아크용접과 용접용 전극이 탄소나 텅스텐처럼 녹지 않고 모재만 녹아서 용접되는 비용접식 아크용접이 있다. 사용전원에 따라서 직류 아크용접과 교류 아크용접이 있으며, 용접부분이 고온으로 녹아서 용접되므로 공기 중의 산소와 결합하여 산화되기 쉽다. 이러한 문제 때문에 용접부를 공기와 차단한 가운데 용접하는 방법이 연구되어 왔다. 이들 중 특수아크용접으로 분류되는 몇 가지를 살펴본다.

① 자동아크용접(automatic arc welding) - 용접봉을 자르지 않고 선(線)인 상태로 전동기로 구동하는 틀에 감고 풀어내어 연속적으로 아크용접을 하는 방법이다. 이의 특징은 다음과 같다. ㉠ 용접속도가 빠르고, ㉡ 용접자의 기능

에 관계없이 균일한 용접이 가능하며, ㉢ 큰 전류를 사용할 수 있으므로 용접부의 용입(熔入) 상태(모재가 용접된 깊이)가 좋다. 또한 ㉣ 용접봉의 낭비가 적고, ㉤ 용접속도가 수동에 비해 수십 배에 달하므로 효율이 높으며, ㉥ 생산비가 절약된다.

기계, 전기화학, 광산, 항공, 조선, 철도 및 원자력 등 여러 분야에서 이용하는 중요한 방법이다.

② 원자수소용접(atomic hydrogen welding) - 아크에 의한 열을 용접부에 직접 가하는 것이 아니고 수소원자가 분자로 결합할 때의 열로 용접하는 방식이다. 2개의 텅스텐 사이에 아크를 발생시키고 여기에 수소가스를 불어넣으면 수소분자(H_2)가 6000[℃] 정도의 아크열에서 에너지를 흡수하여 수소원자(H)로 해리(解離)된다(나뉘어진다). 이 수소원자를 용접할 부분에 불어넣으면 수소원자가 흡수했던 열에너지를 용접 부분에 방출하고 다시 수소분자로 결합한다. 이 열에 의해서 용접이 이루어지며 전극과 용접부의 거리를 적당히 조절하면 원하는 용접온도를 얻을 수도 있다.

이 방법은 수소가스에 의해서 전극이 냉각됨과 동시에 용접부가 공기와 차단되므로 산화가 방지되기 때문에 경금속이나 구리 및 그 합금, 스테인레스강 등의 용접에 이용한다.

③ 불활성가스 아크용접(inert gas metal arc welding) - 용접부에 공기의 접촉을 막기 위하여 아크 주위에 불활성가스인 아르곤이나 헬륨을 불어넣어 산화나 질화(窒化)를 방지하는 방식이며 용재(flux)를 사용하지 않는다. 알루미늄, 마그네슘의 아크용접에 가장 적합한 방법으로 스테인레스강, 구리, 구리합금, 기타 이종(異種 : 다른 종류) 금속의 용접에도 적당하다.

④ 플라즈마 플레임용접 - [그림 6-33]과 같은 원리에 의한 것으로 아르곤, 수소, 질소 등의 불활성가스를 노즐 형태로 되어있는 전극 사이로 분출시키면 전극에 인가되어 있는 직류전압이나 고주파전계에 의해 플라즈마의 아크가 발생된다.

이 불꽃모양 플라즈마의 고온을 이용하여 용접하는 방식으로 3000～17000[℃] 정도의 고온을 얻을 수 있다. 이는 다른 방식과 달리 모재와 아무 관계 없이 아크를 발생시킨다.

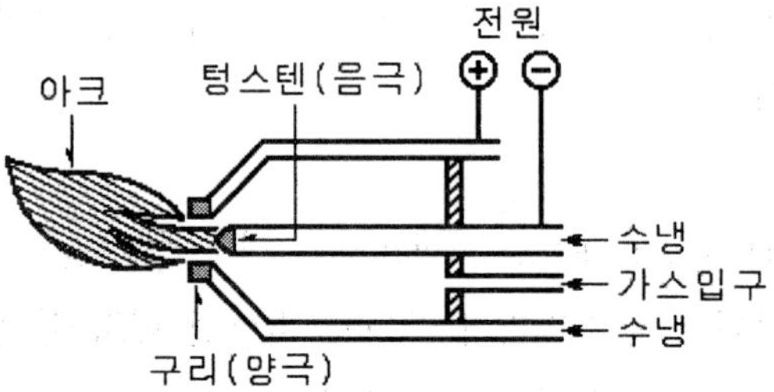

[그림 6 - 33] 플라즈마 플레임 원리도

(3) 전기건조(電氣乾燥)

건조란 어떤 물질에 함유되어 있는 수분을 제거하는 것을 말한다. 그 방법으로는 여과, 압착, 원심분리 등 여러 가지가 있으나 이것들은 탈수에 속한다고 할 수 있고, 여기서는 전기에 의해 발생한 열을 가지고 고체에 함유된 수분의 증발만을 이야기한다. 물을 증기로 만들기 위해서는 물 1[kg]당 539[kcal]의 열량이 필요하다. 즉 물의 기화열은 539[kcal/kg]이다.

전기건조에는 다음과 같은 3종류가 있다.

① 전열건조법 - 니크롬선과 같은 발열체 사용
② 적외선건조법 - 적외선 전구사용
③ 고주파건조법 - 유전가열

1) 전열건조

건조로(乾燥爐) 내에 니크롬선 같은 발열체를 설치하여 사용하는 것으로 소용량의 경우 발열체가 있는 건조로 내에 피건조물을 넣고 로 내 공기순환용 송풍기 등을 사용하는 로내가열건조법과 로에서 먼저 공기를 가열해 놓고 이를 송풍기로 건조실에 불어넣는 열풍건조법으로 구별할 수 있다. 일반적으로는 이 두 가지 방법을 겸용하는 것이 일반적이다.

2) 적외선(赤外線)건조(infrared drying)

적외선전구의 복사열로 피건조물을 가열하여 건조하는 것으로 주로 두께가 얇은 재료에 적합하기 때문에 칠감(도장 : 塗裝)의 건조나 섬유공업에 이용, 도자기 건조, 인쇄잉크의 건조, 종이, 가죽, 약품 등의 건조에 이용한다. 이 방법의 특징은 다음과 같다.

① 열손실이 적으며 표면건조에 적당하다.
② 건조기의 구조는 적외선 전구를 설치하면 되므로 간단하다.
③ 조작이 쉽고, 기동, 정지가 빠르므로 작업시간의 지연이 적다.
④ 설비비와 유지비가 싸고, 넓은 설치장소가 필요치 않다.
⑤ 피건조물의 관측이 용이하고, 청결하며 안전하다.

적외선 전구

적외선 가열용 전구의 필라멘트 온도는 2200～2500[°K]로 조명용 가스전구(2800～3000[°K])보다 낮게 설계한다. 그 이유는 이 온도에서 건조에 유효한 1～4[μ]의 파장이 복사되는 효율이 가장 좋기 때문이며(그 이상의 파장은 전구의 유리에서 흡수된다), 수명 또한 5000시간 이상 10000시간으로 보통 조명용 전구보다 월등히 길어지기 때문이다.

적외선 건조로

적외선건조에 사용하는 전구를 건조유닛이라 한다. 이 유닛을 여러 개 배열하여 건조로의 한 면을 이루게 되는데 이를 뱅크라 한다. 뱅크를 만드는 적외선전구의 배열은 [그림 6-34]와 같이 지그재그배열과 정4각형 배열이 있으며 지그재그배열이 정4각형 배열보다 약 15～18[%] 정도 에너지밀도가 증가한다.

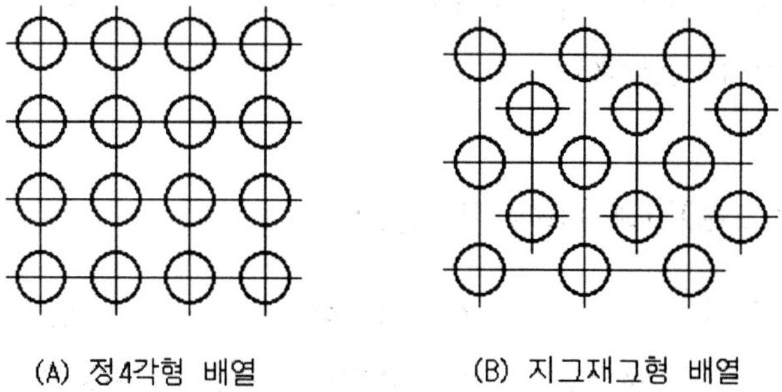

[그림 6 - 34] 적외선전구의 배열법

또한 건조로에 뱅크를 조합하는 기본형태로는 [그림 6-35]와 같은 4종류가 있다.

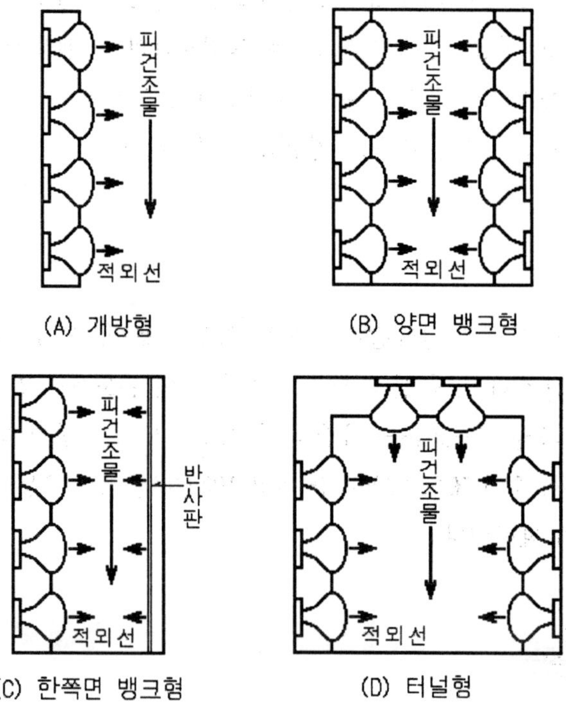

[그림 6 - 35] 적외선건조로 형식

① 개방형 : 몇 개의 적외선전구를 구조물의 틀에 장착하여 이동식으로 사용할 수 있도록 한 것.

② 양면 뱅크형 : 2면의 뱅크를 마주놓고, 위를 덮어서 가열공기가 빠져나가지 못하게 한 것.

③ 한쪽면 뱅크형 : 한 면의 뱅크 맞은편에 적외선 반사판을 시설하여 그 중간에 피열물을 놓도록 한 것.

④ 터널형 : 양면과 천장에 뱅크를 설치하여 가열효과를 높이도록 한 것.

일반적으로 적외선건조방식은 다양한 형식이 가능하므로 생산공정에서는 컨베이어 방식을 채택하여 연속 건조로 효율을 극대화하기도 한다. [그림 6-36]은 컨베이어 방식의 적외선건조 실례이다.

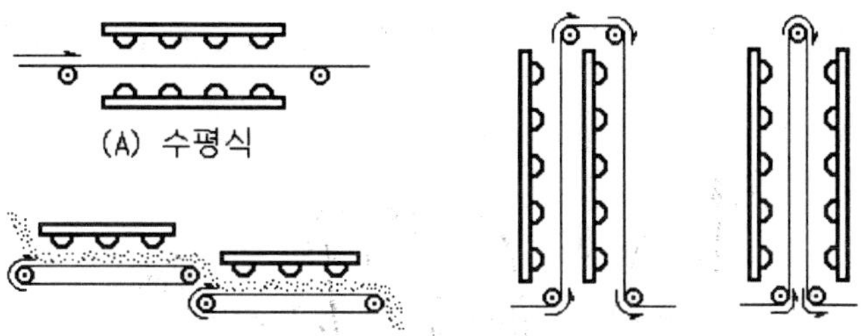

[그림 6 - 36] 컨베이어식 적외선건조

(4) 기타가열

1) 초음파가열(超音波加熱)

초음파는 일반적으로 주파수가 20[kHz] 이상인 것으로 사람의 가청주파수범위를 넘는 음파이기 때문에 들을 수 없다는 것을 제외하면 가청음파와 같이 반사, 굴절, 투과, 흡수의 성질을 모두 갖고있는 매질 중의 탄성파이다. 보통 공업적으로는 1[kHz]~200[kHz] 정도의 높은 주파수를 많이 사용하며, 매우 큰 강도가 필요한 응용분야에서는 수 [MHz] 정도까지 사용하며, 초음파의 발생은 수정발진기나 금속이 자화할 때 왜곡(歪曲)현상을 이용한 자기변형(magnetic striction) 발진기 등을 사용하는데 최고 20[GHz](200억Hz)의 범위에 이른다. 그 특징은 다음과 같다.

① 주파수가 높기 때문에 파장 또한 짧다.

② 초음파의 진로는 방향성을 갖는다.

③ 반사판이나 렌즈, 프리즘 등을 이용해서 초음파를 반사, 집속(集束), 굴절, 발산시킬 수 있다.

④ 물질을 흔드는 상당한 강도의 힘을 얻을 수 있다.

⑤ 모든 매질에서 사용 가능하며, 특히 액체나 고체에 많이 이용한다.

위의 특징들 중 ①②③번의 특징을 이용하는 것이 소나(sonar)나 구조체내의 상처를 탐지하는 탐상기(探傷機), 의료에 이용하는 초음파진단기, 치료기 등이 있으며, ④번의 경우는 액체에서 나타나는 [그림 6-37]과 같은 원리의 공동작용(空洞作用 : cavitation)에 의한 것으로 또 하나의 강력한 초음파의 특이현상이다.

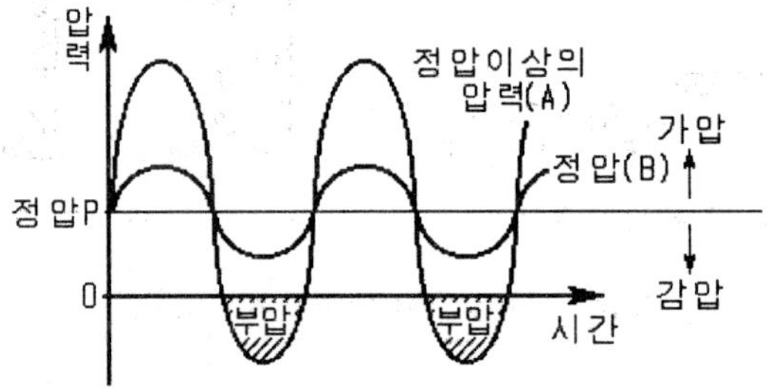

[그림 6 - 37] 초음파의 캐비테이션

액체 속에서 초음파를 발생시키고 어느 한 점에서 압력에 의한 파동을 관찰해보면 곡선(A)와 같은 진폭이 되나, 초음파세기를 점차 증가하면 정압 이상의 진폭인 곡선(B)와 같이 감압쪽에서 부압(負壓)이 발생된다. 이 부압부분의 액체는 진공의 공동이 된다. 이것은 액체 중에서 작은 기포의 발생현상으로 표출되며 이에 의해서 액체 상호간에 강한 충돌이 일어나며 대단히 큰 압력이 발생하고 기계적 교란이 일어난다. 이때 용존(溶存)하고있는 기체가 방출되므로 공업적으로 금속용해물, 광학유리, 절연유 등에서 불필요한 기포를 제거하는 수단으로 쓰인다. 또 기포가 깨뜨려질 때 압력 및 기포 내에서의 방전에 의해 화학적인 변화를 일으킨다.

예를 들면 고분자 등은 원자간의 결합을 끊기도 하고, 서로 섞이지 않는 액체를 유화(乳化 : emulsification)분쇄하여 안정한 유액(乳液)을 만든다. 또한 박테리아나 미생물은 초음파에 의해 세포가 파괴되기도 하고, 금속표면의 산화막이 벗겨져 용접이 원활하게 되기도 하며, 매연 속에 섞여있는 미립자는 초음파의 작용으로 응결되기 때문에 매연방지가 가능하다. 그리고 초음파에 의한 산화나 환원작용이 화학반응을 촉진하므로 화학분야에 응용되기도 한다.

초음파에 의한 금속용접

용접하려는 금속판을 겹쳐놓고 여기에 압력을 가하면서 접합면에 평행하게 초음파진동을 가하면 금속판이 용접된다. 이는 초음파진동에 의해 금속판 접합부에서 미끄럼마찰이 일어나고 표면의 산화막 등이 파괴되며, 활성화된 금속분자는 유동과 마찰열에 의한 온도상승으로 국부적인 용융이나 확산에 의한 금속결합으로 용접이 된다고 본다. 이 용접의 특징은 다음과 같다.

① 용접부에 전류를 흘리거나 별도로 가열할 필요가 없다.
② 냉간압접(冷間壓接)에 비해 가하는 압력이 적으므로 변형이 적다.
③ 열에 의한 영향이 적고 조직의 변화도 일어나지 않는다.
④ 가느다란 선이나 얇은 금속막의 용접도 가능하다.
⑤ 이종(異種 : 다른 종류)금속의 용접도 가능하다.

초음파에 의한 플라스틱용접

금속용접과 같은 원리로 용접되는 것으로 스티로폼, 폴리프로필렌, 폴리에틸렌, 나일론 등의 플라스틱제의 전기·기계·자동차부품 등과 문구류, 완구류 및 플라스틱제 가전제품케이스 등 광범위한 부분에 이용된다. 다만 일부 불소수지계(弗素樹脂系)만 용접이 안되며 다음과 같은 특징이 있다.

① 접합면에 물이나 기름 같은 이물질이 있어도 초음파진동으로 녹여야 용접이 가능하므로 용접표면의 사전처리가 필요 없다.

② 접합경계면만 용융, 용착되므로 제품의 변형이 없다.

③ 용접시간이 보통 1초 정도로 짧고 건조나 냉각시간이 필요 없다.

2) 전자빔(electron beam)가열

방향성이 좋은 전자의 흐름을 전자빔이라 하며 [그림 6-38]과 같이 진공도가 $10^{-4} \sim 10^{-5}$[mmHg] 정도의 진공 중에서 밀도가 큰 전자빔을 시료에 조사(照射)하여 용접, 용해, 증발, 섬유가열 등을 하는데 사용한다.

[그림 5-38]은 열음극에서 방출된 전자들을 10～150[kV]의 고압으로 가속하고, 전자렌즈로 집속(集束)하여 피용접물에 가하는 방법이다. 전자빔을 충분히 집속하면 10^8[W/cm^2] 정도의 큰 전력밀도를 얻을 수 있으므로 피용접물이 내열재료일지라도 즉시 용융(熔融)되므로 쉽게 용접할 수 있다.

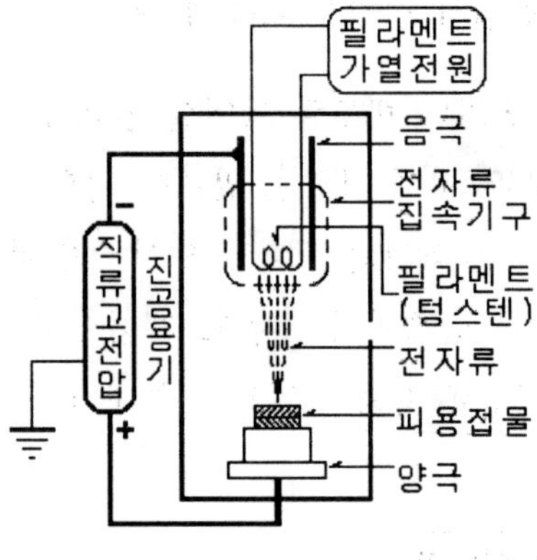

[그림 6 - 38] 전자빔용접

전자빔을 이용한 것은 진공 상태에서 작업을 해야하는 문제점이 있으나 정밀가공(지름 10^{-6}[m]이하의 천공작업 등)을 할 수 있으므로 시계나 계기용 보석베어링 가공, 고융점재료(텅스텐, 몰리브덴 등)의 진공용해, 진공증착(眞空蒸着) 등에 이용한다. 이의 특징은 다음과 같다.

① 아주 작은 부분의 가공이나 정밀한 가공이 쉽다.

② 열의 집중이 가능하므로 열에 의한 변질부분을 최소화할 수 있다.

③ 고융점재료 및 얇은 금속재료의 용접이 쉽다.

④ 다양한 형태의 천공작업이 가능하다.

⑤ 에너지밀도나 그 분포를 임의로 조절할 수 있다.

진공 상태에서 전계에 의해서 고속으로 가속한 전자빔을 피열물에 충돌시켜서 그가 갖고있던 에너지를 피열물에 전달함으로써 피열물을 빠르면서도 고온으로 쉽게 가열할 수 있으므로 이를 이용하여 금속이나 쎄라믹 등의 가열, 용해, 증착, 용접 및 가공 등에 전자빔가열을 이용하고 있다. [그림 6-39]는 전자빔의 지름과 전력밀도에 따라서 이용 영역을 분류한 것이다.

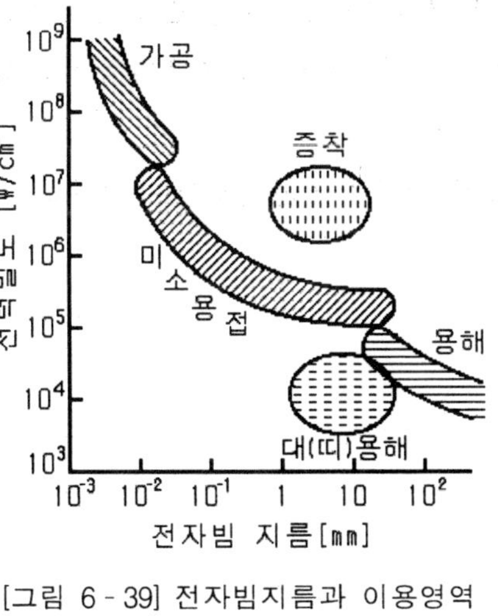

[그림 6 - 39] 전자빔지름과 이용영역

전자빔용접

전자빔을 이용한 용접은 집속한 전자빔이 피용접물에 조사되는 순간 그 부분이 녹으며 일부는 증발하여 금속증기가 된다. 전자빔이 조사되는 동안에는 금속증기에 의해 용접부가 용착되지 않지만 전자빔이 이동하면 녹았던 금속이 응고되며 용접된다. 전자빔용접의 특징은 다음과 같다.

① 용접을 진공 중에서 하기 때문에 활성금속이나 실리콘, 티탄, 몰리브덴 등의 용접이 가능하다
② 베릴륨, 우라늄같이 유해가스를 방출하는 금속의 용접이 가능하다.
③ 미소하고 정밀한 용접이 가능하다.
④ 용접부가 깨끗하며 산화되지 않는다.
⑤ 피용접물의 크기가 한정되어 있다.

전자빔가공

가속된 전자류를 전자렌즈로 매우 가늘게 집속하여 반도체나 금속, 보석의 미소가공(섬공가공 : 금속 등을 섬유처럼 가늘게 가공), 절삭 등을 한다. 섬공가공은 지름이 $5 \sim 100 \times 10^{-6}$[m]인 전자현미경용 백금조리개, 안지름 0.1[mm]인 노즐, 두께 0.5[mm] 등을 가공하며, 절삭은 전자빔을 컴퓨터제어에 의하여 조사(照射)함으로써 매우 정밀하고 신속하게 한다.

그 외에 전자빔증착(蒸着)이나 전자빔용해도 전자빔가열의 이용 예이다.

제 7 장

가정의 전기

우리의 생활전반에는 전기를 사용하지 않고 할 수 있는 것이 아무 것도 없다. 이렇게 가깝게 있어 편리하지만 눈에 보이지 않아 잘못 사용하거나 시설하면 위험도 따른다. 예를 들어 한 개의 콘센트에 너무 많은 전기기구를 접속하거나(문어발 식 배선) 전선의 두 가닥을 접속(합선)시킨다면 화재의 위험이 있고, 전압선을 만지면 감전으로 인한 인체의 충격을 받게된다.

이러한 위험을 방지하기 위하여 전기사업법, 전기설비 기술기준, 전기공사업법, 전기용품 안전관리법, 공업표준화법, 소방법, 계량법, 국가기술자격법 등을 정하여 시행하고 있다.

7.1 옥내배선(屋內配線)

집 밖에 있는 전주로부터 전기를 끌어와 집에서 사용하기 위하여 우리가 거주하고 있는 집안에 설치하는 전등용 전선, 콘센트용 전선, 정보통신용 전선(전화선, LAN선) 등을 총칭하여 옥내배선이라 한다.

여기서는 주로 전기에 관계되는 전선의 배선에 대해 언급한다.

7.1.1 인입선(引入線) 및 인입구

전주로부터 분기된 전선이 집에 처음으로 설치되는 장소를 인입선 설치점이라 하며 여기까지의 선을 인입선이라 한다. 이 설치점으로부터 적산전력계(전기계량기)를 거쳐서 집안으로 전선이 가설된다. 인입선으로 사용하는 전선은 인입용비닐절연전선(DV)으로 주로 600[V] 이하에서 가공(架空)인입선으로 사용되는 염화비닐수지를 주체로한 컴파운드로 절연된 단심(單心)절연전선이다. 인입선 설치점으로부터 적산전력계를 거쳐 집안으로 들어오기까지의 전선을 인입구배선이라 한다. 원칙적으로 인입선 설치점이 한국전력공사와 수용가의 재산분기점으로 사고시 그 책임소재도 설치점을 경계로 삼는다. [그림 7-1]에 인입선부터 배전반까지의 배선을 단선도로 나타내었다.

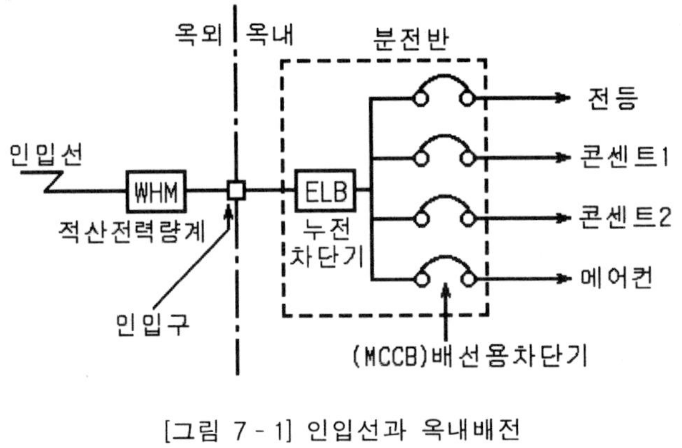

[그림 7 - 1] 인입선과 옥내배전

7.1.2 분전반(分電盤 : panel board)

분전반은 밖에서 들어온 전기를 각 회로로 나누어 공급하는 것으로 몇 가지 안전을 위한 기구들이 설치되어 있는 것으로 배전반(switch board)의 일종이며, 캐비닛 형태로 만들어져있다.

내부에 설치되어있는 기구들을 살펴보면, 우선 누전차단기(ELB : Earth Leakage Breaker)는 주택 옥내에 시설하는 전선로의 대지전압이 150[V]를 넘고 300[V] 이하인 경우에 시설 하도록 규정에 의무화 되어있으며, 배선용 차단기(MCCB : Molded-Case Circuit Breaker)는 NFB(No Fuse Breaker)라고 하는 옛날에는 두꺼비집이라고 했던 것으로(두꺼비 집안에 퓨즈가 있어 전류가 많이 흐르면 퓨즈가 녹아서 회로를 차단한다) 이것은 퓨즈가 없고 전류가 많이 흐르면 스위치가 떨어져서(OFF되어) 회로를 차단한다. 전류가 많이 흐르는 원인을 제거하고 스위치를 투입(ON)하여 계속 사용할 수 있도록 되어있어 경제적이다. 이처럼 분전반에 배선용 차단기를 설치하는 것은 안전하게 전기를 사용할 수 있도록 하기 위함이 제일 큰 목적으로 다음과 같은 이유 때문이다.

① 감전사고로부터 인명의 보호
② 누전이나 과전류에 의한 화재의 예방으로 재산의 보호
③ 점검이나 측정시 편리하다.

[그림 7-1]의 분전반에서 전등회선, 콘센트회선 등으로 전선로가 분기되어있는 것은 15[A]나 20[A]마다 회로를 별도로 시설하도록 되어있기 때문이며, 회로의 수는 건축물의 종류 및 공유면적 등 기타 가산(加算)부하에 의한 부하용량의 합에 의해서 결정하도록 규정되어있다. 이 규정은 다음과 같다.

(1) 건물종류에 따른 표준부하

<표 7-1> 건물 종류에 따른 표준부하[8]

건물의 종류	표준부하[VA/m^2]
공장, 공회당, 교회, 절, 극장, 댄스홀 등	10
기숙사, 여관, 호텔, 병원, 학교, 음식점 등	20
주택, 아파트, 사무실, 은행, 상점, 이・미용실 등	30

(2) 건물 중 따로 계산해야 할 부분의 표준부하

<표 7-2> 부분적인 표준부하

건물의 종류	표준부하[VA/m^2]
복도, 계단, 화장실, 창고 등	5
강당, 관람석 등	10

(3) 가산부하 : 표준부하에 따라서 계산한 값에 별도로 더해주어야 하는 용량

① 주택, 아파트 : 각 세대마다 500～1000[VA]

② 상점의 진열장 : 진열장 폭 1[m]마다 300[VA]

③ 옥외의 광고등, 전광사인, 네온사인 등의 용량

④ 극장, 영화관, 댄스홀 등의 무대조명, 그 외 특수한 전등 부하의 용량

위와 같은 표에 의해서 분기회로 부하용량을 산정(算定)하는 식은 다음과 같다.

$$\text{분기회로설비 부하용량} = XA + YB + C_1 + C_2 + \cdots [VA] \qquad (7\text{-}1)$$

8) 건물을 음식점과 주택의 두 종류로 쓰는 경우는 각각의 표준부하를 사용함.

여기서 X : 표준부하의 바닥면적[m^2]

Y : 부분적인 표준부하의 바닥면적[m^2]

A : 단위 면적 당 표준부하[VA/m^2]

B : 단위 면적 당 부분적인 표준부하[VA/m^2]

C : 기타 가산해야할 가산부하용량[VA]

예제 7-1 [그림 7-2]와 같은 상가주택이 있다. 이 경우 한 분기회로를 15[A]로 할 때 분기회로의 수를 구하시오. 단, 공급전원은 220[V]로 하고, 주택에 대하여 가산해야할 용량은 최대값으로 한다.

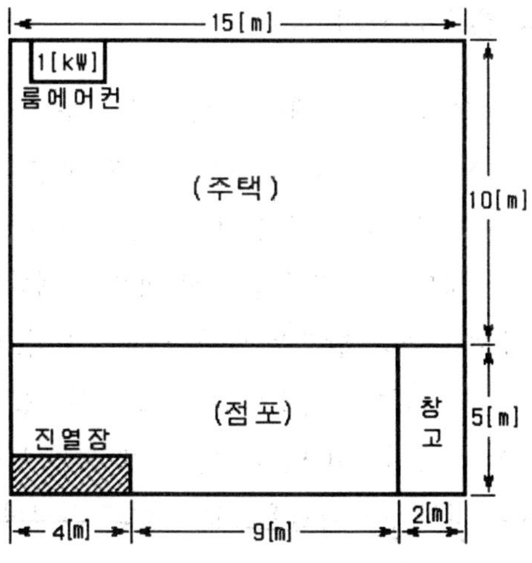

[그림 7-2] 예제 7-1의 주택과 점포의 면적

풀이 위의 규정 (1), (2), (3)과 식 (7-1)을 이용하여 부하설비용량을 구하면 다음과 같이 된다.

$$\begin{aligned}\text{부하설비용량} &= X_1A_1 + X_2A_2 + YB + C_1 + C_2 \\ &= 150[\text{m}^2]\times 30[\text{VA/m}^2] + 65[\text{m}^2]\times 30[\text{VA/m}^2]+10[\text{m}^2] \\ &\quad \times 5[\text{VA/m}^2] + 1000[\text{VA}] + 4[\text{m}]\times 300[\text{VA}] \\ &= 8700[\text{VA}].\end{aligned}$$

한 분기회로가 분담할 수 있는 용량은 220[V]×15[A]=3300[VA]이므로 이 부하설비용량을 한 분기회로가 담당할 수 있는 용량으로 나누면 8700[VA]÷3300[VA]=2.63…이다. 이때 소수점 이하는 무조건 절상하여 3회로로 한다. 여기에 에어컨은 별도의 회로로 구성해야하므로 한 회선을 더 더하여 4회로로 한다.

만약 공급전원이 100[V]라면 8700[VA]÷(100[V]×15[A])=5.8이므로 소수점 이하를 절상하여 6회로 하며 여기에 에어컨회로를 더하여 7회선으로 한다.

일반적으로 주택의 경우 조명용이나 콘센트용(15[A])에 사용하는 전선의 최소 굵기는 지름 1.6[mm] 동선으로 되어있으나 회로가 길어지던가 해서 전압강하가 2[%] 이상 되는 경우에는 더 굵은 선을 사용해야 한다.

7.1.3 차단기(遮斷器 : breaker)

가정에서 사용하는 차단기는 주로 배선용 차단기와 누전차단기이다. 두 차단기의 가장 큰 차이점은, 배선용 차단기는 과도한 전류가 흐를 때(합선 등) 자동적으로 접점이 떨어져 회로가 끊어지도록 하여 전선이나 전기기구의 과열로 인한 화재를 예방하는 것이고, 누전차단기는 전류가 전선 밖으로 새나갈 때 접점이 떨어져 감전으로 인한 인명보호와 화재의 발생을 막기 위한 것이다. 이처럼 누전차단기는 안전을 위해 중요한 역할을 하는 것이므로 자체고장 여부를 평상시에 점검할 수 있도록 녹색과 적색의 테스트 버튼이 달려있다. 녹색 버튼은 누전시 동작확인용이고, 적색버튼은 과전류에 의한 동작확인용으로 길어도 한달에 한번씩은 버튼을 눌러서 동작여부를 테스트할 필요가 있다.

[그림 7-1]은 가정용 분전반을 예로 든 것으로 누전차단기(ELB)가 주차단기역할을 하고 있다. 이 경우 한 분기회로에서 누전이 발생하면 주차단기가 작동하여 집안 전체에 전기공급이 되지 않는다. 그러므로 가정이 아닌 규모가 큰 전기사용장소에서는 설치비만 해결된다면 주차단기로 배선용 차단기(MCCB)를 사용하고 누전차단기를 분기회로용 차단기로 사용하는 것이 바람직하다.

7.1.4 전선과 코드

전선의 종류에는 나선(裸線), 피복선, 절연전선, 다심(多心)형전선, 코드, 케이블, 캡타이어 케이블 등이 있다.

절연전선은 그 전선이 사용되는 전압에 견디는 절연성능을 가진 절연물로 피복한 전선을 뜻하고, 케이블은 그 절연물을 기계적 손상, 화학적 부식 등에 의한 절연성능의 손상을 방지할 보호피복이 되어있는 전선을 말한다. 코드와 캡타이어 케이블은 이동용으로 가요성(可撓性)을 크게한 피복전선으로, 코드는 절연전선과 마찬가지로 단순한 절연체로 피복한 것이며 캡타이어 케이블은 기계적, 화학적 손상을 방지할 목적으로 보호피복을 부가한 것이다. 주로 옥내배선에 사용하는 전선을 간략하게 기술한다.

(1) 옥외용 비닐절연전선(OW전선)

영문 명칭이 outdoor weather proof poly-vinyl chloride insulated wire이고, 단심이며 경동선(硬銅線) 또는 경동연선 위에 내후성(耐候性) 비닐을 피복한 전선으로 저압 가공(架空) 배전선로에 사용한다. 피복이 얇아서 손상되기 쉽다.

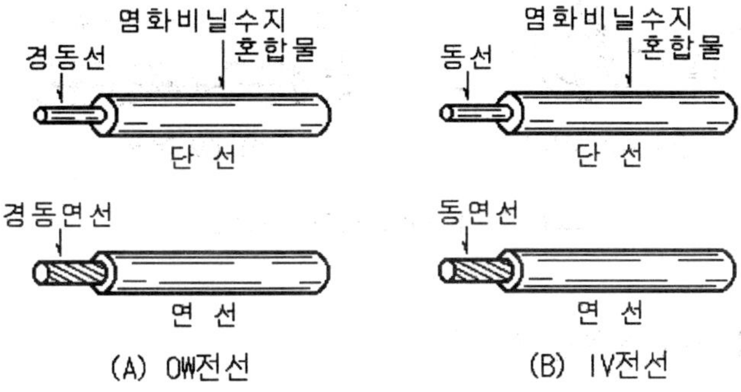

[그림 7 - 3] OW전선과 IV전선

(2) 600[V] 비닐절연전선(IV전선)

indoor poly-vinyl chloride insulated wire로 흔히 PVC전선이라고도 한다. 단선 또는 연선이며, 경동선이나 연동선 위에 염화비닐수지를 주체로 한 컴파운드로 절연한 것으로 전선의 색이 다양하며(검정색을 표준으로 하지만 색의 구별이 필요한 경우 연동선이면 검정, 흰색, 빨강, 초록, 노랑, 파랑의 6가지색을, 경동선이면 검정, 흰색, 파랑색을 사용한다) 600[V] 이하의 옥내 배선으로 현재 가장 많이 사용한다. 내연성, 내수성, 내약품성, 내노화성이 양호하며 취급도 용이하다.

(3) 600[V] 2종 비닐절연전선(HIV전선)

내열용 비닐절연전선이라 부르기도 하는 것으로 600[V] 이하의 일반전기공작물이나 전기기기의 배선에 주로 사용하는 것으로 특히 방재설비용 배선으로 많이 사용한다. 내열성 가요제를 사용한 염화비닐수지를 주체로 한 혼합물로 절연된 전선으로 IV전선의 최고 허용온도는 60[℃] 정도이지만 이 전선은 75[℃]까지 허용되고 나머지는 IV전선과 대동소이하다.

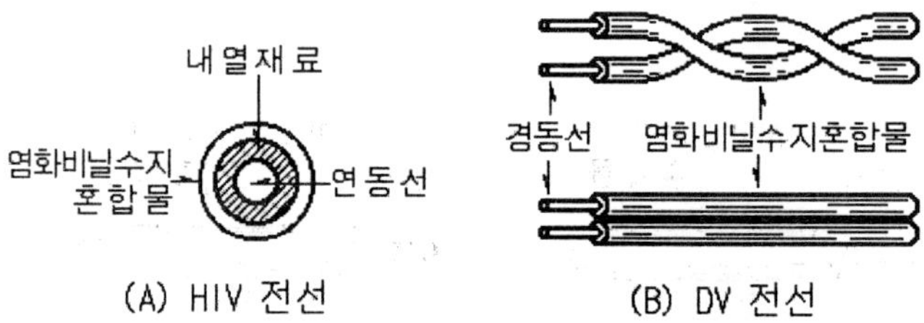

[그림 7-4] HIV전선과 DV전선

(4) 인입용 비닐절연전선(DV전선)

poly-vinyl chloride insulated drop wire로 600[V] 이하에서 주로 가공인입선으로 사용하며 경동선 또는 경동연선 위에 염화비닐수지를 주체로 한 혼합물로 절연피복한 다심 절연전선이다.

(5) 600[V] 고무절연전선(RB전선)

rubber insulated wire로 경동선이나 연동선인 단선이나 연선에 주석도금을 하여 천연고무 30[%] 이상이 들어간 고무혼합물로 절연피복하고 그위에 종이나 면테이프를 감은 후 방수질 컴파운드로 함침하여 편조한 합성섬유로 방습용 도장처리를 한 절연전선이다. 가요성과 내습성은 좋으나 내노후성은 떨어진다. 주로 온도가 높은 600[V] 이하 회로에 사용한다.

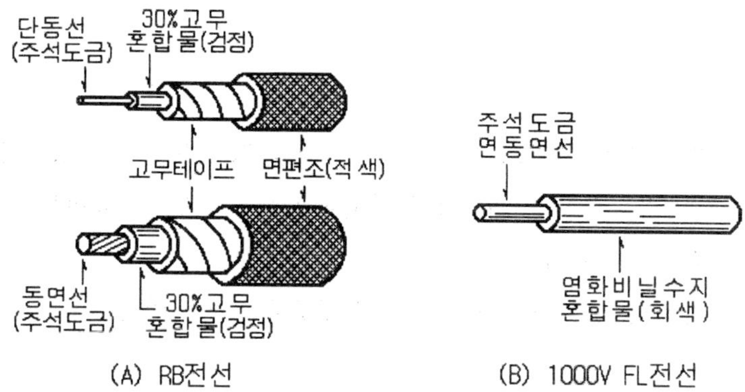

[그림 7 - 5] RB전선과 1000V FL전선

(6) 1000[V] 형광방전등전선(1000V FL전선)

형광방전등의 고압측에 사용하는 것으로 단면적이 0.75[mm^2]인 연동선에 염화비닐수지혼합물로 절연한 단심절연전선이다.

(7) 내화(耐火)전선

내화전선은 글자 그대로 불에 견딜 수 있게 만든 전선으로 소방법에 따른 비상용전원계통의 자동화재탐지설비, 옥내소화전설비 등의 비상전원회로 및 비상용조명장치, 배연설비(排煙設備) 등의 예비전원회로에 사용하는 재해방지용 절연전선이다. 저압용과 고압용이 있으나 저압내화전선의 단면은 [그림 7-6]과 같다.

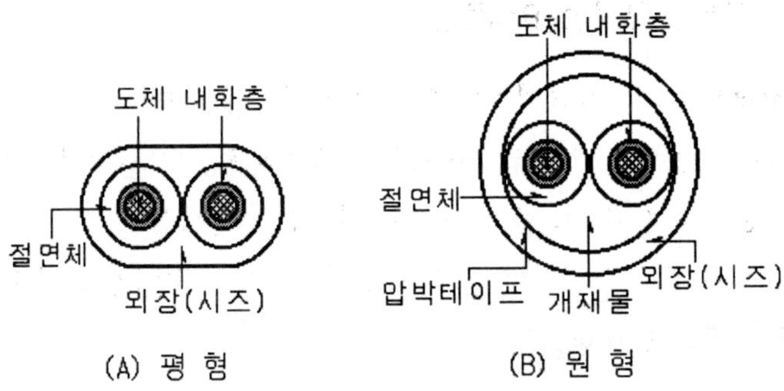

[그림 7-6] 저압 내화전선

(8) 코드

코드는 전선에 비해서 더 가느다란 것으로 심선(心線 : 소선(素線))의 지름이 가늘며 그 수가 많지만 상당히 유연하게 처리되어 있다. 부드럽고 유연한 것이 다른 전선류와의 외견상 차이이다.

가정에서 많이 사용하는 옥내코드를 [그림 7-7]에 소개하였다.

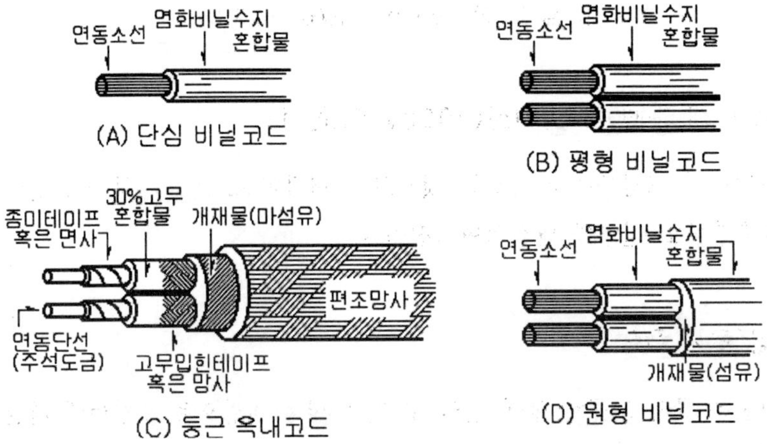

[그림 7-7] 옥내코드

단심비닐코드 - 연동소선에 염화비닐수지혼합물로 피복한 것으로 형광등이나 가전제품내부 등에 사용한다.

평형비닐코드 - 단심비닐코드 2선을 평행하게 한 것으로, 과거에는 거의 이것만을 사용하여 문제가 되기도 하였으나 지금은 평형비닐코드를 다시 타원형의 염화비닐수지혼합물로 피복한 코드를 믹서, 선풍기, 전기세탁기 등의 코드에 사용한다.

둥근 옥내코드 - 주석으로 도금한 연동단선을 면사나 종이테이프로 감은 다음 고무혼합물과 테이프로 처리하고 망사를 짜입히는 것으로, 마감처리한 것으로 약간 굵기 때문에 주로 천장에 매다는 전등용으로 사용한다.

원형비닐코드 - 그림처럼 섬유개재물을 사용한 것과 개재물 없이 염화비닐수지혼합물로 둥글게 피복한 것의 두 종류가 있다. 전자는 전기냉장고 등의 코드로, 후자는 전기세탁기 등의 코드로 사용한다.

7.1.5 배선기구

배선기구란 전등이나 가전제품을 사용하는데 필요한 소켓, 스위치, 플러그, 콘센트 등을 말하는 것으로 전기용품에 관계되는 규정(전기용품안전관리법, 전기용품 형식승인 등)이나 KS표시획득제품을 사용하도록 되어있다.

스위치는 배선용, 기기용, 코드용이 있으며 일반적으로 매입형과 노출형이 있으며 그 종류가 무척 많다.

텀블러 스위치 - 스위치를 조작하면 용수철의 작용으로 개폐되는 구조로 가정에서 벽에 부착하여 전등의 점·멸에 사용한다. 어두운 곳에서도 위치를 알 수 있도록 표시램프가 붙어있는 것도 있다.

3로 스위치 - 하나의 전등을 사이에 두고 양쪽 2개소에서 점·멸할 수 있도록 시설한 것으로 [그림 7-8]과 같은 구조로 현재는 전등이 꺼져 있으나 스위치 '가'에서 스위치를 조작하면 스위치 접점이 B에서 A로 연결되어 전등에 불이 들어온다. 다시 스위치 '나'에서 스위치를 조작하면 스위치접점이 C에서 D로 연결되어 전등의 불이 꺼진다. 이런 3로 스위치는 계단의 위아래에서 계단등을 점·멸할 때 사용하면 편리하다.

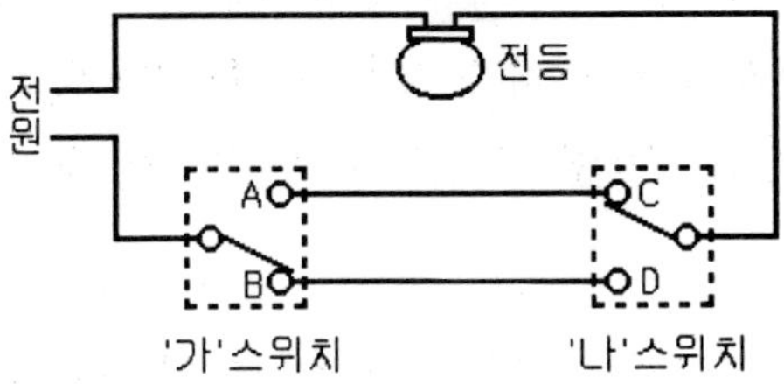

[그림 7 - 8] 3로 스위치

자동 점 · 멸 스위치 - 사람의 움직임이나 적외선감지, 혹은 빛의 밝기 등을 인지하여 자동으로 스위치가 점 · 멸되는 것을 말한다. 실제로 가로등이나 현관 밖에 시설하기도 한다.

지연장치가 있는 스위치 - 스위치를 끄고 일정한 시간이 경과한 후에 전등이 꺼지도록 한 스위치로 현관 안쪽이나 침실 등에 사용한다.

플러그와 콘센트 - 플러그는 전기기구나 가전제품에 전기를 공급해주기 위해서 코드로 연결되어 붙어있으며 콘센트에 꽂아서 사용한다. 그러므로 플러그와 콘센트는 서로에게 잘 맞도록 만들어야 한다. 주의할 것은 코드선 하나에 여러 개의 콘센트를 연결해서 사용할 경우 너무 많은 전류가 코드선에 흘러 과열되면 화재의 위험이 있다는 것이다.

6.1.6 옥내배선설계

일반적으로 주택이나 아파트의 옥내배선은 [그림 7-9]와 같이 전등과 콘센트를 중심으로 평면도에 그려 넣는다. 참고로 [그림 7-9]에 사용한 심벌들을 <표 7-3>에서 설명하였다.

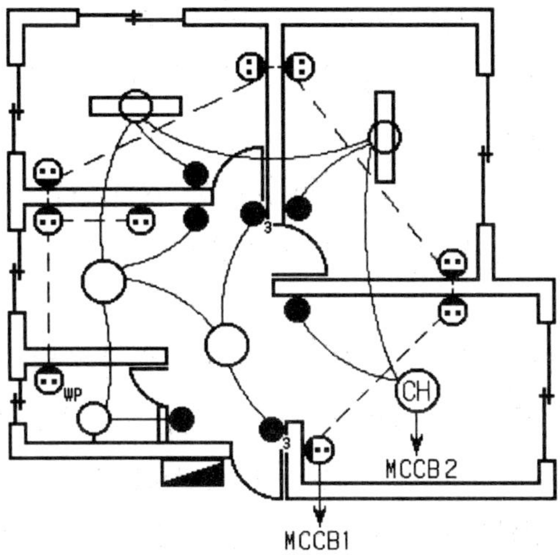

[그림 7 - 9] 옥내 전등, 콘센트 배선도의 예

<표 7-3> [그림 7-9]에 사용한 전기배선용 심벌

명 칭	심벌	적 요
천장등	○	(CH) 샹들리에, 형광등
벽 등	├○	벽쪽에 ┣ 를 붙인다
벽에 붙이는 콘센트		WP 방수 콘센트
스위치	●	●3 3로스위치
분전반 (전등용)		
천장 은폐배선	———	
바닥 은폐배선	– – –	

배선도에 기입해야 할 사항들을 살펴보면 다음과 같다.

① 전등의 위치, 조명기구의 종류, 전구의 개수 및 용량

② 점 · 멸 스위치의 위치 및 종류(단극, 2극, 3로, 4로 등 구별), 높이

③ 콘센트의 위치 및 종류, 높이

④ 인입개폐기, 적산전력량계(계량기), 배전반의 위치
⑤ 배선공사방법, 전선의 종류, 굵기, 가닥수 및 관의 굵기
⑥ 배선의 방향표시(상향, 하향)
⑦ 분전반의 구조 및 전선 접속도(결선도)에는 개폐기의 종류 및 용량(퓨즈용량), 계량기 용량, 간선 및 분기선의 명칭이나 번호

일반적으로 주택에서의 점・멸 스위치의 위치는 각 방의 입구(문의 손잡이 있는 쪽) 벽 1.2[m] 높이에 시설하는 것이 보통이다. 계단이나 출입구가 2곳 이상인 경우에는 3로 스위치나 4로 스위치를 시설한다. 콘센트는 방 주위의 벽면을 따라 길이 3.6[m]이내마다 시설하도록 한다. 또 위치는 보통 바닥으로부터 30[cm] 높이에 시설하며(온돌방에는 10[cm] 높이에 시설하기도 한다), 방수용은 80[cm] 이상의 높이에 시설하도록 되어있다.

7.2 안전

일상생활에 일부분이 되어있는 전기는 그 사용에 너무 익숙해져있어 사용에 대한 효율이나 안전에 소홀할 수 있다. 그러나 전기는 눈에 보이지 않는 강한 에너지이므로 이 에너지에 의해 인명이나 재산상의 피해가 있을 수 있다.

가전제품을 구입할 때는 절전형을 선택하여 효율을 높이는 것이 좋고, 설치장소는 습기가 없는 곳으로 콘센트와 가까운 곳이 좋으며, 접지단자가 있는 제품은 반드시 접지를 해야 한다. 또한 장시간 사용하지 않을 때는 플러그를 뽑아놓고, 외국산제품은 정격전압이나 주파수가 우리 나라와 일치하는지 확인해야한다. 전압이나 주파수에 의해서 제품의 성능, 수명 등이 영향을 받기 때문이다.

안전한 전기사용을 위협하는 요인을 살펴본다.

(1) 감전(感電)

감전이란 전기가 인체를 통해서 흐를 때 나타나는 현상이다. 그러므로 감전을 예방하려면 전기가 흐르는 부분에 인체가 접촉하지 않으면 된다. 정상적인 가전제품은 제품케이스에 전류가 흐르지 않도록 되어있지만 제품이 낡아서 내부에 있는 코드의 피복이 벗겨져 케이스에 전류가 흐른다면 감전의 위험이 상존하게 된다. 이때 제품케이스가 접지되어 있으면 전류는 저항이 큰 인체가 아닌 저항이 작은 접지선을 통해서 흐르기 때문에 감전사고는 일어나지 않는다. 그러므로 감전의 가능성이 큰 세탁기에는 접지가 꼭 필요한 것이다.

일반적으로 가정에 들어오는 전기는 단상 2선식 220[V]로 2개의 선을 통해서 공급된다. 이 두 선은 각각 전압선과 접지선이라고 한다. 접지선은 주상변압기를 통해서 땅(대지)에 묻혀있는 선으로 전압은 0[V]이다(실제로 대지를 전압 0[V]인 기준전위로 삼고있다). 그리고 전압선은 대지를 기준으로 전압이 220[V]라는 의미를 갖고있는 것이다. 전류는 물의 흐름과 같이 전위(전압)가 높은 곳에서 낮은 곳으로 흐르며 전위차가 없으면 흐르지 않는다. 그러므로 전압선과 접지선 사이에는 220[V]라는 전위차가 있는 것으로 두 선을 연결하면 전류가 흐른다. 이를 이용하여 두 선 사이에 가전제품이나 전등을 연결하면 전류가 흐르면서 일을 하게되고, 그 일의 결과로 전기제품을 사용할 수 있는 것이다. 이렇게 전압선과 접지선 사이, 혹은 전압선과 대지 사이에서 인체가 전류의 통로가 되지 않도록 주의해야 한다.

비바람 등에 의해 거리의 전선이 끊어져 있으면 그 부근에 가지 않는 것이 상책이며 꼭 지나가야 되는 경우에는 고무제품 신발을 신던가 아니면 한 발로 혹은 모음발로 뛰어서 지나가야 한다.

감전에 의한 인체의 반응은 <표 7-4>와 같다.

<표 7-4> 전류에 의한 인체의 반응

인체에 흐르는 전류	인체의 반응
1[mA]	짜릿함을 느낀다
5[mA]	수족으로 느낄 수 있는 전류의 한계
10～20[mA]	근육마비, 자신의 의사로 움직일 수 없는 이탈전류
50[mA]	기절, 심장이나 호흡기관에 이상한 흥분상태
100[mA]	치명적인 장애를 일으킨다
5～6[A]	전류에 의해 주울열 발생, 화상 발생

예를 들어 가정에서 전압선에 사람의 손이 접촉되었을 경우 저항이 다음과 같다면 옴법칙에 의해 인체에 흐르는 전류를 계산해보면 다음과 같다.

피부의 저항 : 3000[Ω], 발과 신발 사이의 저항 : 2000[Ω],
인체 내부의 저항 : 500[Ω], 신발과 지면 사이의 저항 : 6000[Ω],

$$\text{인체에 흐르는 전류} = \frac{220}{3000+2000+500+6000} = 0.0183[A] = 18.3[mA].$$

사람에 따라 몸의 저항은 많은 차이가 있으나 위의 전류 값은 자신의 의사대로 움직일 수 없는 정도의 전류가 흐른다는 것을 알 수 있다. 어쨌든 전기충격에 의한 사망은 심실세동에 의한 심장마비, 신경계통 장애에 의한 호흡마비, 근육의 마비 및 피부나 근육의 화상 등의 요인이 겹쳐서 일어난다.

그래서 인체에 흐르는 전류를 줄일 필요가 있으므로 신체가 물이나 땀에 젖었을 때는 전기기구류를 만지지 말고, 고무장갑이나 고무장화 등을 착용하고 작업하는 것이 좋다.

(2) 누전(漏電)

누전이란 전기가 전선 같은 정상적인 통로에서 새어나와 (전선의 피복이 열화되거나 벗겨져 절연저항 값이 작아질 경우) 전기가 통하기 쉬운 것으로 흐르는 것을 말한다. 실제로 단독주택이나 창고건물 등에서 인입선이 건물지붕의 양철판으로 된 빗물받이에 접촉되어 피복이 벗겨지는 경우 등에 의해서 누전이 되고 화재로까지 이어지는 경우가 간혹 있다. 누전은 그 영향이 바로 나타나지 않는 경우가 많기 때문에 주기적으로(6개월이나 1년마다) 점검할 필요가 있다. 실제로 가정에는 전기안전공사에서 절연저항계로 주기적으로 누전점검을 하고 있다. 누전은 사람이나 가축의 감전에 의한 사상(死傷)이나 화재에 의한 재산상의 손해를 가져올 수 있기 때문에 누전차단기(ELB)를 설치하여 사전예방을 하여야 한다.

(3) 낙뢰(落雷)

번개는 그 전기가 너무 강해서 아직 정확한 전기량을 직접 측정하지 못하고 있지만 계산에 의하면 대략 10억[V], 5000[A] 이상의 전기가 순간적으로 흐르기 때문에 벼락이 친 곳은 파손과 화재 같은 재해가 따르고 사람이나 가축의 경우는 사망하게 된다. 번개는 구름(雷雲)과 구름 사이에서 일어나는 경우와 구름과 대지 사이에서 일어나는 경우의 두 가지가 있다. 이중 후자가 피해를 주게 된다.

번개의 전기계산 - 1[cm] 떨어진 공기 사이의 절연이 파괴되려면 최소한 3000[V] 이상 수천[V]의 전압이 필요하다. 지금 뇌운이 지상 2000[m] 높이에 있고 공기 1[cm]당 방전전압을 5000[V]라 가정하면, 지면과 뇌운 사이의 공기에서 방전이 일어나기 위한 낙뢰전압은 $5000 \times 2000 \times 100 = 10 \times 10^8$[V], 즉 10억[V]가 된다.

뇌운은 구름의 두께가 매우 두껍다. 대개 지상 2000[m] 정도에서 시작하여 8000[m] 정도까지 뻗쳐있다. 이는 활발한 상승기류에 의해서 뇌운이 생성되기 때문이다. [그림 7-10]에서 보는바와 같이 상승기류에 의해 높이 올라간 증기는 서로 결합하여 큰 물방울로 변하고 낮은 기온 때문에 얼음 입자로 변한다. 이들 중 큰 얼음 입자는 자체 무게로 인하여 아래로 떨어지면서 마찰이나 충돌 등의 여러 복잡한 운동 때문에 +전하를 띤 부분과 - 전하를 띤 부분으로 나누어진다. 이때 +전하 부분은 구름의 위로, - 전하 부분은 아래에 위치하며, 지표는 구름 하부의 - 전하에 의한 정전유도작용에 의하여 +로 대전된다.

번개는 지표면 위의 돌출된 부분으로 떨어지기 쉽다. 그리고 같은 조건이면 전기가 잘 흐르는 금속에 떨어진다. 그러므로 번개가 칠 때는 어디에서든지 몸을 낮게 해야하며 금속 등은 몸에서 떼어내는 것이 좋다. 심한 경우에는 집에서도 가전기구로부터 멀리 떨어지고, 분전반의 주 개폐기를 OFF 위치로 하는 것이 좋다.

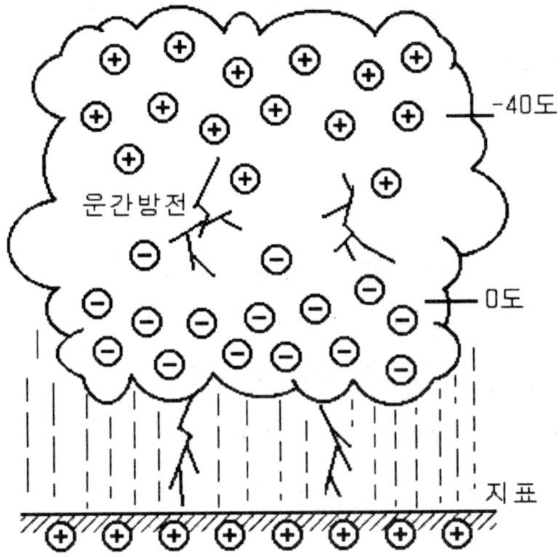

[그림 7 - 10] 뇌운

승용차에 타고 있을 때는 라디오 안테나를 집어넣고 그대로 타고있어도 안전하다. 만약 승용차에 낙뢰하면 전류는 승용차의 표면을 타고 바퀴 표면의 빗물 등을 통해서 대지로 방전된다. 이때 자동차 내부는 전력선이 없는 정전차폐가 되기 때문에 안전한 것이다. 비가 내리면서 번개가 칠 때 산의 넓은 바위에 번개가 떨어지면 바위는 밀도가 높아 내부로 전류가 흐르기보다는 표면을 타고 흐르기 때문에 바위도 위험하다. 실제로 암벽등반 중 암벽꼭대기에 낙뢰한 전류에 의해 사망한 사례가 있다.

건물을 낙뢰로부터 보호하기 위하여 높이 20[m] 이상이 건물에는 피뢰침이나 피뢰도체를 설치하도록 규정하고 있다. 피뢰침이 건물을 보호하는 각도는 [그림 7-11]과 같이 일반건물의 경우 60° 이하이고, 화약류나 가스 등 위험물을 제조 또는 취급하는 건물은 45° 이하의 원뿔체 내에 들어가도록 시설하여야 한다.

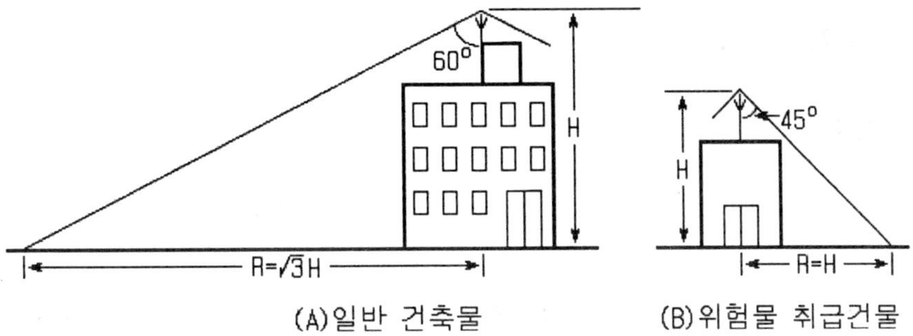

[그림 7 - 11] 피뢰침의 보호각

IEC(International Electro-technical Commission : 국제전기기술위원회)에 따르면 건물과 피뢰침 길이를 더한 높이와 피뢰침의 보호각과의 관계는 건물이 높아질수록 보호각이 좁아진다고 한다. 예를 들면 60[m] 높이에서는 25°, 45[m] 높이에서는 35°, 30[m] 높이에서는 45°, 20[m]에서는 55° 등이다.

7.3 주택의 조명

가정의 전기설비 중 밤의 어둠을 몰아내주는 조명이 큰 비중을 차지하고 있음은 두말할 나위도 없을 것이다. 주거의 조명은 소나무가지에 불을 붙여 이용할 때부터 식물성기름, 동물성기름, 광물성기름(석유)에 이르기까지는 겨우 어둠을 밝혔던 정도였으나 전기에너지의 이용에 이르러서야 어둠을 물리치기 시작했다고 하겠다.

현재 주택 조명의 광원으로는 정원용을 제외하고는 (보통 정원용으로는 나트륨등이나 수은등을 사용한다) 일반적으로 백열전구와 형광등을 사용한다.

7.3.1 광원(光源)

(1) 백열전구

백열전구는 조명용으로 사용할 경우 광색이 적외선 쪽으로 치우쳐있어서 덥게 느껴지며 실제로 열이 많이 발생되므로 여름에는 상당히 덥다. 과거 1960년대 초반 정도까지는 가정에서는 모두 백열전구만을 사용했으나 요즈음 가정에서는 일반조명용으로는 거의 사용하지 않고 화장실이나 아파트 베란다 같은 곳에 국한해서 사용하는 것이 보통으로 짧은 시간 점등이나 자주 켰다 껐다 하는 곳으로 한정한다. 이는 형광등에 비해서 연색성이나 효율이 떨어지고 수명 또한 짧기 때문이다. 백열전구는 30[W] 이상의 것들은 수명이 1000시간 정도이고, 6장 전기의 응용에서 언급하였으므로 여기에서는 할로겐램프에 대해서 이야기하기로 한다.

할로겐전구란 전구 내에 요오드 등 할로겐계의 가스를 봉입한 램프이다.

할로겐원소는 원소 주기율표의 제 VII 족에 속하는 것으로써 낮은 온도에서는 텅스텐과 결합하고 높은 온도에서는 텅스텐과 분해하는 성질이 있다. 이를 이용하여 전구 내에 할로겐을 넣으면 증발 확산하여 필라멘트로부터 증발한 전구의 벽에 부착된 텅스텐과 결합하여 흑화를 방지한다. 이런 할로겐화 텅스텐은 투명하고 증발하기 쉬운 성질을 갖고있어서 필라멘트에 도달했을 때 텅스텐을 필라멘트에 되돌려준다. 할로겐전구는 이 작용을 반복하며, 이를 할로겐사이클이라 한다.

위와 같은 작용으로 필라멘트가 가늘어지지 않아 수명이 길어질 뿐만 아니라 광속과 색온도의 저하가 극히 작다. 그리고 흑화가 방지되므로 유리구의 체적이 일반전구에 비해서 수10분의 1로도 충분하며 일반적으로 관형으로 만든다. 다만 유리구는 온도가 높아서 석영관을 사용하며 값이 비싸고, 전구에 봉입하는 할로겐원소가 무겁기 때문에 수평상태로 점등해야 하는 문제가 있다. 현재 할로겐가스로 사용하고 있는 것은 I_2, Br_2, Cl_2, IBr 등이다.

(2) 형광등

형광램프는 백열전구에 비해서 수명이 길고 효율과 연색성이 좋기 때문에 가정용 조명의 주류를 이루며 여러 가지 종류가 있다.

1) 점등방식(기동방식)에 의한 분류

① 느린 기동형 : 일반적인 형광등으로 글로우 램프(점등관)를 사용한다.
② 빠른 기동형 : 속시기동형(速時起動型 : rapid start type)과 순시기동형(瞬時起動型 : instant start type)이 있으며 순간적으로 점등된다.

2) 모양에 의한 분류

① 직관(直管)형 : 가장 일반적인 것이다.
② 환(環)형 : 서클라인이라고 하는 것이다.
③ 콤팩트형 : 형광램프의 지름을 가늘게 하여 U자형, M(m)자형 등으로 만든 것이다.

3) 광색에 의한 분류

① 일반 조명용 광색	D	: 주광색(晝光色)
	W	: 백색(白色)
② 기타 형광등 광색	CW	: 냉(冷)백색
	WW	: 온(溫)백색
	SW	: 연(軟)백색
	B	: 청(靑)색
	G	: 녹색
	GO	: 금색, …, PK(핑크색), R(적색), … 등

근래에는 천연 주광색, 천연 백색이 있으며 천연색(deluxe)이 붙은 것은 D나 W보다 적색을 강하게 하여 연색성을 높인 것이다. 또 3파장형광등이 있는데 이는 빛의 삼원색인 빨강, 초록, 파랑 부근의 파장인 6100[Å], 5400[Å], 4500[Å]의 3파장 영역에서 빛의 발산이 집중되도록 만들어서 연색성(演色性 : 색의 식별성)과 밝기(발산 총광속이 25～35[%] 정도 증가)를 동시에 향상시킨 것이다.

4) 전구형

콤팩트형 형광램프보다 더 가늘게 하여 U자형, 코일형 등으로 만든 것으로 보통 백열전구 정도의 길이 내외이며 안정기를 내장한 것으로 백열전구 소켓을 이용할 수 있도록 되어있다.

5) 인버터형광등

형광등에 공급하는 전원의 주파수를 인버터를 이용하여 수10[kHz] 이상(보통 40～60[kHz])으로 높여서 공급하는 것을 말한다. 이의 제일 큰 장점은 깜박거림을 느낄 수 없다는 것이다. 따라서 형광램프의 발광효율도 25～30[%] 정도 높아진다.

형광램프의 한쪽에는 생산회사명과 몇 가지 글자가 적혀있다. 그 글자들이 의미하는 것을 KSC 7601을 근거로 예를 들어 설명한다.

"FCL 40DL S"라고 써있는 것은 FCL → 서클라인 형광등(FL은 직관형 형광등), 40 → 소비전력 40[W], DL → 연색성을 개선한 주광색(SDL은 연색성을 더욱 개선한 것), S → 가는 관(SS는 더욱 가는 관)을 의미하는 것이다.

7.3.2 조명

이제 조명은 어둠을 밝히는 것에서 그치지 않고 물체를 잘 보기 위해서 쓰인다. 물체를 잘 보기 위한 4가지 요소인 밝음, 크기, 대비, 시간에 대해서는 6장에서 언급하였고, 여기서는 그 외의 것에 대해서 설명한다.

(1) 눈부심(glare)

시야 내에 눈부신 빛이 있으면 시력을 떨어뜨릴 뿐만 아니라 불쾌감을 일으키기 때문에 모든 조명에서 이것을 적게 하도록 노력하고 있다. 눈부심을 일으키는 조건에는, ① 광원 주위의 배경이 어둡고 눈이 암순응일 때, ② 광원의 빛남이 강할 때, ③ 광원이 시선에 가까울 때, ④ 광원의 크기가 클 때 등이다.

눈부심을 일으키는 휘도의 한계는 주위의 밝음에 따라서 차이가 있으나 일반적으로 항상 시야 내에 있는 광원인 경우 0.2[cd/cm^2] 이하, 가끔 시야 내에 들어오는 광원인 경우는 0.5[cd/cm^2] 이하이다. 형광등의 휘도는 0.4[cd/cm^2] 정도로 잠깐 쳐다볼 때는 괜찮지만 계속 쳐다보면 눈이 부시다. 광원에서 나오는 빛의 양을 줄이면 눈부심을 근본적으로 방지할 수 있지만 밝기가 확보되지 않으므로 광원을 글로브나 루버 등으로 처리하여 눈부심을 막고 있다.

(2) 밝음의 고른 분포

동일공간에서 밝고 어두움의 차이가 없는 조명방식이 이상적이지만 실제로는 경제적으로 부담이 되므로 눈이 피로하지 않은 범위 내에서 명암의 차이를 인정할 수밖에 없다. 그 명암의 비는 3:1 이하가 되도록 조명하는 것이 바람직하다. 자연생태계 명암의 비를 측정한 미국의 로간(Logan)은 그 비가 10:1 이하라고 발표하였다. 그러므로 인공조명에 의한 광속발산도 비의 한계를 <표 7-5>와 같이 적용하고 있다.

<표 7-5> 실내 광속발산도 비의 한계

조명대상 \ 조명	명시조명	생산조명
작업대상물과 인접부분	3:1	5:1
작업대상물과 떨어진 주위	10:1	20:1

일반적으로 작업장소에는 시선의 가까운 위치에 어두운 부분이 10%이상 생기지 않도록 하는 것이 좋다. 그러나 물체의 입체감은 그림자가 없으면 느낄 수 없으므로 오히려 적당한 그림자가 있어야 한다. 실제로 물체의 밝은 부분과 그림자 부분

의 밝기비가 3:1에서 가장 입체감이 선명하게 느낀다고 한다.

(3) 조명방식

조명방식에는 조명기구의 모양, 배광 및 설치 위치에 따라서 각각 다른 효과가 나기 때문에 조명의 목적에 의해서 어떤 식으로 조명할 것인지 결정해야 한다.

1) 조명기구의 배광에 의한 분류

배광이란 조명기구에서 나오는 빛이 어느 방향으로 얼마나 발산하느냐 하는 것으로 주로 광원을 중심으로 위쪽과 아래쪽으로 나누어서 위로 발산하는 광속을 상반구(上半球)광속, 아래로 발산하는 광속을 하반구(下半球)광속이라 한다. 각 조명방식의 배광곡선은 [그림 7-12]와 같다.

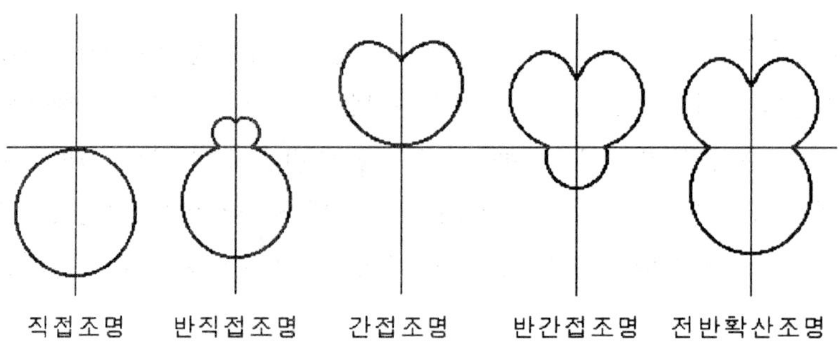

[그림 7 - 12] 조명방식과 배광곡선

① 직접조명 : 하반구광속이 90～100%를 차지하고, 상반구광속이 0～10%인 조명방식으로, 작업면에 빛이 직접 조사(照射)되기 때문에 효율이 높으며 같은 조도를 얻는데 비용이 가장 적게 든다. 그러나 작업면과 주위와의 심한 휘도 차이, 반사광으로 인한 눈부심 등으로 눈이 쉽게 피로해질 수 있으므로 광원이 직접 눈에 들어오지 않도록 시설해야 한다. 따라서 25° 정도의 차광각(遮光角)이 필요하다. 이 조명기구는 광원의 위에 반사갓 등이 씌워져있는 것이 일반적이다.

② 반(半)직접조명 : 하반구광속이 60～90%, 하반구광속이 10～40%인 방식으로 상반구광속이 천장이나 벽에서 반사되어 작업면의 조도를 증가시킨다. 이 조명기구는 아래가 개방되어 있으며 갓이 반투명 물질로 되어있다.

③ 간접조명 : 직접조명과 반대로 상반구광속이 90～100%, 하반구광속이 0～10%로 상반구광속이 천장과 벽의 위 부분에서 반사되어 실내전체로 확산되므로 눈부심은 없으며 전체적으로 은은한 분위기를 연출할 수 있어 눈에 피로를 주지 않는 조명방식이지만 설비비와 전기요금이 많이 든다. 이 방식은 입원실이나 회의실 등에 적합하다.

④ 반간접조명 : 반직접조명과 반대로 상반구광속이 60～90%, 하반구광속이 10～40%인 방식으로 세밀한 일을 오랫 동안 해야되는 작업에 적당하다.

⑤ 전반확산조명 : 상반구광속과 하반구광속이 모두 40～60%인 조명방식으로 조명기구의 대부분은 우윳빛 유리나 반투명 플라스틱이나 아크릴로 광원을 감싼 형태로 되어있다. 고급사무실이나 주택, 상점 등의 조명용으로 사용한다.

2) 조명기구 위치에 의한 분류

① 전반조명 : 조명하고자 하는 공간 전체를 거의 균일한 밝기로 조명하는 방식으로 주택의 방이나 거실, 강의실 등과 같은 곳의 조명방식이다.

② 국부조명 : 전체조명을 하지 않고 (전체조명을 해도 어둠만 없애는 정도로 조명) 필요한 부분만 집중적으로 조명하는 방식이다.

③ 전반국부병용조명 : 전반조명과 국부조명 방식을 한 공간에서 함께 사용하는 방식으로 간접조명방식 등으로 실내 전체를 은은하게 조명하고 투광기 같은 것을 이용하여 그림, 사진 등을 집중 조명하는 전시회장에서 사용하는 조명방식이 이에 속한다.

(4) 주택의 조명

일반적으로 고려해야할 사항은 조명방식의 결정과 그에 따른 조명기구를 선택하는 것이다.

현관조명은 장시간 점등하지 않는 곳이기 때문에 백열전구를 사용하며 기본적으로 바깥의 경우 사람을 감지해서 점등하는 센서 스위치, 안쪽의 경우는 반직접조명 방식이 무난하고, 조명기구는 점등 후 1～3분 정도 있다가 자동으로 꺼지는 스위치를 가진 것이 좋다. 그 외에 장식적인 조명을 한다면 전반국부병용조명을 하여 여건에 맞추면 격조있는 분위기를 낼 수 있다.

거실조명은 형광등을 사용하여 전반조명을 하며, 중심에 샹들리에를 설치하여 격조를 높인다. 좀더 부드러운 분위기를 연출하려면 간접조명으로 전반조명을 하고, 조광기(dimmer)가 붙어있는 샹들리에를 사용할 수도 있다.

어린이 방의 경우는 형광등으로 전반조명을 하고, 책상에는 형광등 스탠드를 사용하여 독서할 때 충분한 조도(500[lx])를 확보한다.

식당의 조명은 취사에 불편이 없도록 형광등으로 전반조명을 하고 식탁에는 음식이 맛있어 보이도록 음식물의 색깔, 윤기 및 입체감을 고려하여 백열전구용 반직접조명기구(코드팬던트기구)를 천장에 설치하는 것도 좋다.

노인들의 방은 젊은이들의 방보다 조도를 더 높게 시설하는 것이 바람직하다. 예를 들어 같은 광원이라 하더라도 총 광속이 약 30% 정도 증가하는 인버터 조명기구의 사용이 좋다.

참고문헌

· 電氣磁氣學 : 教材編纂 委員會 (文運堂)

· 最新 電氣磁氣學 : 禹亨疇 (文運堂)

· 電氣 電子常識 : 關昭雄(日) (明志出版社)

· 照明工學 : 池哲根 (文運堂)

· 電氣應用 : 電氣工學叢書編纂會 (世林社)

· 電氣應用 : 日本電氣學會

· 電熱工學 : 李德出 (東逸出版社)

· 電熱工學 : 日本電氣學會

· 最新發電工學 : 電氣工學叢書編纂會 (世林社)

· 發電工學 : 丁性柱 外 (東明社)

· 最新 送配電工學 : 宋吉永 (東逸出版社)

· 誘導器機 : 박민호 (東明社)

· 電氣鐵道 : 田春生 (文運堂)

· 電氣鐵道 : 日本電氣學會

· 電氣鐵道 : 김양수, 유해출 (東逸出版社)

· 訂正版 最新電氣設備 : 池哲根, 鄭龍基 (文運堂)

· KS핸드북(照明) : 韓國標準協會

· 內線規定 : 大韓電氣協會

찾아보기

[ㄱ]

가시광선(可視光線) 109
게터(getter) 117
과도전류(transient current) 40
광도 111
광속 111
광속발산도 115

[ㄴ, ㄷ]

능동소자(active element) 30, 36
도입선 117

[ㄹ, ㅁ]

라이덴(Leyden)병 12
루미네센스(luminescence) 116
마찰전기 4
맥류(pulsating current) 39

[ㅂ]

발광(發光) 118
방사(放射) 109
변형파교류 39
복사(輻射) 109
볼타전지 78
분전반(分電盤) 173
비정현파교류 39

[ㅅ]

셀락(shellac) 12
쇄교(link) 32
수동소자(passive element) 30
순시값(instantenous value) 43
스트레치 효과 69
실효값(effective value or root mean square) 46

[ㅇ]

암페어(ampere : A) 19
암페어의 오른손 법칙 62
앵커(anchor) 117
양전하(陽電荷) 10
열원(熱源) 86
오른나사 법칙 62
옴의 법칙(Ohm's law) 22
위상 44
위상차 44
음전하(陰電荷) 10
인덕턴스(inductance) 33
인입선(引入線) 172

[ㅈ]

자계(磁界) 14, 59
자기현상(磁氣現狀) 57

자석(磁石) 56
자속(magnetic flux) 32
자장(magnetic field) 32
자화(磁化) 60
저항(resistance) 21
전격 6
전계(電界) 53
전구(電球) 116
전기(electricity) 17
전기량(quantity of electricity) 18
전동력응용(電動力應用) 135
전력(power) 20
전류(electric current) 18
전류법칙(Kirchhoff 's current law) 23
전압(voltage) 19
전압법칙(Kirchhoff 's voltage law 24
전열(電熱) 142
전위 10
전위(電位) 54
전위차(electric potential difference) 19
전자(electron) 3
전자(電子) 2
전자력(電磁力) 14
전자유도 80
전자유도 법칙 70
전자파(電磁波) 109
전하(electric charge) 18
정전기(靜電氣) 6
정전류원(constant current source) 37
정전압원(constant voltage source) 37
정현파교류 39
조도 112
주기(period) 43
주울의 법칙(Joule's law) 22
주파수(frequency) 42
중력부하(重力負荷) 136
진폭(amplitude) 43

[ㅊ]

차단기(遮斷器) 176
최대값(maximum value) 43

[ㅋ]

커패시턴스 34
쿨롱(coulomb) 18
쿨롱의 법칙 51
키르히호프의 법칙(Kirchhoff's law) 23

[ㅍ]

파고율 48
파형률 48
패러데이의 법칙(Faraday's law) 32
펄스 전류(pulse current) 40
평균값(average value) 45
플레밍의 왼손법칙 65
핀치효과 68

[ㅎ]

홀 효과 68
휘도 114
흑화현상(黑化現象) 121

전기와 생활과학

2006년 3월 2일 1판 1쇄 발행
2007년 3월 2일 1판 2쇄 발행

저 자 / 백승철 · 이 욱

발행자 / 오판근
발행처 / 교우사
주 소 / 서울 동대문구 제기2동 148-19
전 화 / 925-2861, 929-4865
팩 스 / 925-2860
E-mail / kw2861 @ chollian. net
http: // www. kyowoo. co. kr
등록 / 1994. 3. 24 제6-0256호

ISBN 89-8172-567-5 (93560)

값 **10,000**원